Mounira Ben Slimane
Rym Bouhlal
Hager Snoussi

Património vitícola e tradições em Kerkennah

Mounira Ben Slimane
Rym Bouhlal
Hager Snoussi

Património vitícola e tradições em Kerkennah

Imprint

Any brand names and product names mentioned in this book are subject to trademark, brand or patent protection and are trademarks or registered trademarks of their respective holders. The use of brand names, product names, common names, trade names, product descriptions etc. even without a particular marking in this work is in no way to be construed to mean that such names may be regarded as unrestricted in respect of trademark and brand protection legislation and could thus be used by anyone.

Cover image: www.ingimage.com

This book is a translation from the original published under ISBN 978-620-6-70485-0.

Publisher:
Sciencia Scripts
is a trademark of
Dodo Books Indian Ocean Ltd. and OmniScriptum S.R.L publishing group

120 High Road, East Finchley, London, N2 9ED, United Kingdom
Str. Armeneasca 28/1, office 1, Chisinau MD-2012, Republic of Moldova, Europe
Printed at: see last page
ISBN: 978-620-7-71229-8

Copyright © Mounira Ben Slimane, Rym Bouhlal, Hager Snoussi
Copyright © 2024 Dodo Books Indian Ocean Ltd. and OmniScriptum S.R.L publishing group

Feliz

Mounira Ben Slimane, Rym Bouhlal, Hager Snoussi
Emna Jedidi, Sonia Bouhachem, Rebha Souissi
Mehdi Trad & Naïma Mahfoudhi

Institut
National de
La Recherche
Agronomique
de Tunisie

Université
de Carthage
Tunisie

2024

Herança e tradições vinícolas em Kerkennah

Mounira Ben Slimane, Professora de Ensino Superior Agrícola, Recursos Genéticos Vitícolas, Laboratório de Horticultura, Instituto Nacional de Pesquisa Agrícola da Tunísia. E-mail : mounira.bsh@gmail.com

Rym Bouhlal, Assistente de Ensino Superior Agrícola, Ecofisiologia e pomologia de árvores frutíferas, Laboratório de Horticultura, Instituto Nacional de Pesquisa Agrícola da Tunísia.
E-mail : rym.bouhlal@gmail.com; rym.bouhlal@inrat.ucar.tn

Hager Snoussi, Professor de Ensino Superior Agrícola, Biotecnologia, Genética Molecular de Plantas, Laboratório de Horticultura, Instituto Nacional de Pesquisa Agrícola da Tunísia.
E-mail : hagersnoussi@gmail.com ; snoussi.hajer@mratucar.tn

Emna Jedidi, Professora Assistente de Ensino Superior Agrícola, Biotecnologia Vegetal, Cultura de Tecidos, Laboratório de Horticultura, Instituto Nacional de Pesquisa Agrícola da Tunísia.
E-mail: jedidi.emy@gmail.com

Sonia Bouhachem , Professora de Ensino Superior Agrícola, Entomologia, Laboratório de Proteção Fitossanitária, Instituto Nacional de Pesquisa Agrícola da Tunísia.
E-mail : bouhachems@gmail.com; bouhachem.sonia@inratucar.tn

Rebha Souissi, Técnica Sênior, Entomologia, Laboratório de Proteção Vegetal, Instituto Nacional de Pesquisa Agronômica da Tunísia.
E-mail: srebha@yahoo.com

Mehdi Trad , Professor Auxiliar de Ensino Superior Agrícola, Qualidade e Fisiologia Pós-colheita de Frutas, Centro Regional de Pesquisa em Horticultura e Agricultura Orgânica. E-mail : mh.trad@yahoo.com

Naima Mahfoudhi, Professora de Ensino Superior Agrícola, Virologia Vegetal, Laboratório de Proteção Vegetal, Instituto Nacional de Pesquisa Agrícola da Tunísia. E-mail: naimmahfoudhi@gmail.com

Obrigado

A obra "Património e Tradições Vinícolas em Kerkennah", aqui apresentada, testemunha em parte a incrível riqueza vitivinícola das Ilhas Kerkennah. Este livro apresenta informações valiosas sobre as vinhas insulares nos seus locais de cultivo. Esta rica diversidade, que orgulha os residentes de Kerkennah e os amantes da ilha, enfrenta numerosos desafios, incluindo as alterações climáticas e as actividades antropogénicas que suscitam receios de uma perda irreversível das vinhas de Kerkennah, das tradições agrícolas e vitivinícolas e, em particular, da uva Asli, a uva da ilha. variedade principal.

Este trabalho é fruto do esforço de uma equipa dinâmica e diversificada de especialistas e entusiastas de Kerkennah a quem gostaríamos de agradecer.

Obrigado ao Sr. Habib Ben Cheikha, Diretor da Unidade de Extensão Territorial (CTV) de Kerkennah que nos acompanhou durante todos os levantamentos e acompanhamento do cultivo da vinha no terreno.

Gostaríamos de agradecer aos Srs. Nejib Megdiche e Nejib Kachouri pela sua calorosa recepção e pela sua disponibilidade para nos ajudar durante as nossas visitas de campo.

Um pensamento especial à Sra. Rachida Ben Ezzeddine pela sua calorosa recepção. Ela nos ensinou muito sobre técnicas culinárias tradicionais com a uva Asli.

Gostaríamos também de agradecer ao Sr. Marwen Azzabou por nos transmitir seu know-how na preparação de "Assir" usando a técnica tradicional Kerkenniana.

Agradecemos a todos os agricultores de Kerkenn com quem tivemos um grande prazer trabalhar juntos. Receberam-nos bem e ensinaram-nos muito sobre as técnicas tradicionais de cultivo da vinha, a sua transformação e as suas utilizações.

Miss Cosima Bassouls, durante a preparação do seu diploma de final de estudos na Ecole Supérieure d'Agro-Development International (ISTOM, França), sob a direção da Prof. Mounira Ben Slimane (INRAT), contribuiu de forma significativa e eficaz na realização de pesquisas em nas Ilhas Kerkennah, sobre a distribuição das castas e suas associações, com especial atenção à distribuição das áreas ancestrais de cultivo da casta estrela "Asli", bem como às suas práticas culturais.

Gostaríamos de agradecer ao Sr. H'mida Ben Hamda, engenheiro principal do Instituto Nacional de Pesquisa Agronômica da Tunísia (INRAT) por sua valiosa ajuda durante as missões de reconhecimento de campo, bem como por compartilhar conosco sua experiência e conhecimento da agricultura insular. sistemas.

As Ilhas Kerkennah, um lugar esplêndido, já chamaram a atenção de muitos apaixonados pela natureza. Os "Vinhedos de Kerkennah", as "Uvas de Kerkennah", os "Assir" ... são termos frequentemente repetidos há muito tempo e que suscitaram muita discussão. Escritos mais ou menos antigos, publicações relativamente recentes, conferências e jornadas de formação e informação trataram destes assuntos. Então, o que esse novo trabalho pode acrescentar? Uma cientista preocupada quis representar o tema à sua maneira.

A sua apresentação está melhor ancorada na história das vinhas Kerkennianas. Estes são observados no espaço e no tempo pelo olhar de um pesquisador apaixonado. A Sra. Mounira Ben Slimane e os seus colaboradores exploram, descobrem e ilustram adequadamente um património muito rico e diversificado numa perspectiva de reabilitação e melhoramento. Ao descrever este património, os autores consideram o ambiente físico, biológico e socioeconómico. Para além da diversidade de castas (castas), a vinha Kerkennah atesta uma diversidade de práticas culturais, hábitos culinários e atitudes sociais muito interessantes. Todos esses componentes encontraram seu lugar neste escrito.

Ao que já foi escrito pelos antecessores, os autores descrevem corretamente as principais castas (Asli e muitas outras). Querem ir além de um catálogo, de uma ampelografia clássica. para reviver os bons tempos de Kerkennah. Este trabalho ajuda a apoiar os viticultores locais desde a escolha da casta até às vindimas celebradas até hoje em determinadas aldeias. Leva-nos aos "viticultores" que cuidam dos seus pomares e leva-nos aos "enólogos" locais nas suas "adegas artesanais".

A noção de recursos biológicos ou de biodiversidade já não é a que usávamos até agora. Foi necessário abrir outras dimensões socioculturais e socioeconómicas.

Esta obra convida-nos a apreciar e contemplar este património biológico, tecnológico e sociológico. Compreender esta história é, de facto, essencial para imaginar e preparar o futuro deste sector, motor do desenvolvimento agrícola sustentável das ilhas.

Messaoud MARÇO
Professor, Ciências da Produção
Plantas e Meio Ambiente

Resumo

A obra "Património e Tradições Vitivinícolas em Kerkennah", é um estudo exaustivo que destaca a história da vinha e da cultura vitivinícola do arquipélago tunisino de Kerkennah, um ambiente particular e difícil, testemunho da história das civilizações do Mediterrâneo, que apesar de sua vulnerabilidade, continua altamente cobiçado.

Os autores descrevem as vinhas no contexto histórico e ambiental do terroir de Kerkennah. A vinha, valioso património genético que faz parte integrante, não só do sistema de produção agrícola, mas também da rica história do arquipélago. Apesar dos constrangimentos pedoclimáticos como a seca, a degradação do coberto vegetal, a desertificação, a salinização dos solos e as alterações climáticas, a vinha introduzida pelos cartagineses persiste, traçando os padrões de evolução das parcelas e das práticas de gestão.

O trabalho explora então os métodos e saberes tradicionais, bem como as práticas culturais da vinha e da produção de uvas frescas, uvas secas e vinho, com especial destaque para a emblemática casta autóctone da ilha de Asli, utilizada para consumo fresco. , secagem e vinificação artesanal local. São descritas a multiplicação e a caracterização fisiológica do desenvolvimento das folhas e botões da casta Asli e apresentado um estudo detalhado das suas uvas frescas e secas e do seu vinho, bem como da sua utilização na cozinha Kerkeniana. Ambos dotados de uma qualidade excepcional de frutos e seus derivados mas também de capacidade de adaptação e resiliência a uma aridez cada vez mais severa. As diferentes variedades de vinhas Kerkennah constituem um reservatório de genes de inegável interesse. Eles são descritos neste trabalho e sua variabilidade avaliada por análises ampelográficas, bioquímicas, citológicas e moleculares. As folhas varietais são criadas para as oito variedades representativas do sortimento varietal de vinhos: Asli, Mehdoui, Jerbi, Kohli, Marsaoui, Hamri, Dalia e Tounsi. Além destas folhas, existem placas que ilustram a folha adulta, o brotamento, o cacho, a flor e as sementes, órgãos essenciais da variedade.

A descrição ampelográfica é realizada de acordo com a codificação da União Internacional para a Proteção das Obtenções Vegetais (UPOV), do Conselho Internacional de Recursos Genéticos (IPGRI) e da Organização Internacional da Vinha e do Vinho (OIV), descrevendo os principais características quantitativas e qualitativas distintivas dos diferentes órgãos da videira considerados em fases específicas do desenvolvimento vegetativo. A técnica de citometria de fluxo permitiu a caracterização citológica; a enumeração cromossómica de variedades representativas de vinhas indígenas cultivadas de Kerkennah atesta a sua diploidia (2n=38).

A análise molecular por microssatélites nucleares revelou uma forte diversidade genética das castas analisadas, bem como uma riqueza alélica expressando forte heterozigosidade.

O trabalho aborda também a situação fitossanitária das vinhas em Kerkennah, identificando as principais pragas e os meios de controlo. O diagnóstico do estado virológico das vinhas revelou também uma taxa baixa ou mesmo ausência de infecção, o que poderá dever-se à limitação da introdução de material vegetal estranho que possa ter contaminado as variedades indígenas de Kerkennah.

Por último, este trabalho destaca as características e a importância da viticultura na vida socioeconómica do arquipélago, bem como na preservação do seu património cultural e tradicional. Um património tão rico, único e livre de doenças virais, constitui uma mais-valia para estas ilhas, para os seus habitantes, mas também um apoio muito útil para programas de seleção e melhoramento de vinhas. A protecção, o desenvolvimento e a valorização deste rico património são prioridades, com vista a garantir um futuro sustentável para o arquipélago e para os seus habitantes.

ملخص

كتاب "التراث وتقاليد زراعة الكروم في قرقنة"، هو دراسة شاملة تسلط الضوء على تاريخ العنب وثقافة النبيذ في أرخبيل قرقنة التونسي، وهي بيئة خاصة وصعبة، تشهد على تاريخ حضارات البحر الأبيض المتوسط، والتي على الرغم من هشاشتها لا تزال المنطقة مفضلة للغاية.

يصف المؤلفون الكرمة في السياق التاريخي والبيئي للإقليم المحلي لقرقنة الكرمة. هذا التراث الجيني القيم هو جزء لا يتجزأ، ليس فقط من نظام الإنتاج الزراعي ولكن أيضًا من التاريخ الغني للأرخبيل. على الرغم من القيود المناخية مثل الجفاف، وتدهور الغطاء النباتي، والتصحر، وملوحة التربة، وتغير المناخ، فإن الكرمة التي أدخلها القرطاجيون لا تزال قائمة، وتتبع أنماط تطور قطع الأراضي وطرق الإدارة المعمول بها.

يستكتف الكتاب بعد ذلك الأساليب والمعرفة التقليدية بالإضافة إلى ممارسات زراعة الكروم وإنتاج العنب الطازج والزبيب والنبيذ، مع إشارة خاصة إلى صنف العنب المحلي الرائد في الجزيرة : عسلي، المستخدم للاستهلاك الطازج، التجفيف والنبيذ الحرفي المحلي. كما تم وصف التكاثر والتوصيف الفسيولوجي لتطور الأوراق والبراعم لصنف العنب عسلي مع دراسة مفصلة لعنب الطازج والمجفف والنبيذ واستخدامه في المطبخ القرقني. تتمتع الأنواع المختلفة المتحددة من كروم قرقنة بجودة استثنائية للفاكهة ومشتقاتها، ولكن أيضًا بالقدرة على التكيف والمرونة مع الجفاف الشديد المتزايد، وتشكل هذه الأنواع مستودعات للجينات ذات الأهمية التي لا جدال فيها. في هذا العمل، تم وصف هذه الأنواع وتقييم تباينها عن طريق التحليلات الأمبلوجرافية والبيوكيميائية والخلوية والجزيئية. تم تكوين بطاقات للأنواع الثمانية التمثيلية لتشكيلة كروم قرقنة: عسلي، مهدوي، كحلي، مرصاوي، حمري، داليا وتونسي. تضاف إلى هذه البطاقات لوحات توضح الورقة، البراعم، العنقود، الزهرة والبذور، الأعضاء الأساسية للصنف. تم تنفيذ الوصف الأمبلوغرافي وفقًا لتدوين الاتحاد الدولي لحماية الأصناف النباتية الجديدة (UPOV)، المجلس الدولي للموارد الوراثية (IPGRI)، والمنظمة الدولية للكروم والنبيذ (OIV) محددة السمات الكمية والنوعية للأعضاء المختلفة لنبتة العنب في مراحل محددة من التطور الخضري.

و أظهر التوصيف الخلوي بتقنية التدفق الخلوي عدد الكروموسومات للأصناف الممثلة للكروم المحلية المزروعة في قرقنة و التي تشمل ثنائية الصبغيات (2n=38).

ومن جهتها كشفت التحاليل الجزيئية للتراكيب الوراثية المختلفة بواسطة الواسمات الجزيئية النووية لتكرار التسلسل البسيط، تنوعًا وراثيًا قويًا لأصناف الكروم التي تم تحليلها بالإضافة إلى ثراء البدائل (الأليلات) الذي يعبر عن ارتفاع كبير في مستوى الأنواع الغير المتبانية وراثيًا.

Capítulo I

O arquipélago Kerkennah

Kerkennah)<j^j^(por vezes escrito **Karkenah** , **Karkena** , **Kerkenna** ou **Kerkena** , é um arquipélago localizado no coração do Mediterrâneo a cerca de vinte quilómetros da costa tunisina perto da cidade de Sfax; sendo Sfax a segunda cidade da Tunísia depois de Túnis, é também uma das encruzilhadas comerciais mais importantes do país.

Kerkennah é composto pelos principais : Gharbi (^£), também conhecido como Mellita) e o nome da vila próxima à vila, e Chergui (^j^(ou Grand Kerkennah e vários outros lugares: Gremdi)^^j3) , Roumadia)^-'^JJ), Rakadia)4-^J(, Sefnou)>^(, Charmadia)^J-1^J^(, Ch'hima)4 ^;^ JH (, Keblia)AJJJ3 (, Jeblia)AJJJ^(, El Froukh)£JJ^(, Firkik)^£j*(, Belgharsa)<^jiJb(e El Haj Hmida) ^s 4^ C^ [1]) (Fig. 1).

O perímetro do arquipélago ultrapassa os 160 quilómetros. As Ilhas Kerkennah estão localizadas entre 11° e 11° 20' leste do meridiano de Greenwich e entre 34° 36' e 34° 50' de latitude norte, todas se estendendo por cerca de trinta quilômetros, mas cobrindo apenas 150 km ^{2} de superfície devido à sua estreiteza: nestas faixas de terra nenhum ponto está a mais de 5 km da costa, daí a importância do mar na paisagem natural e a sua evolução na vida dos Kerkennianos.

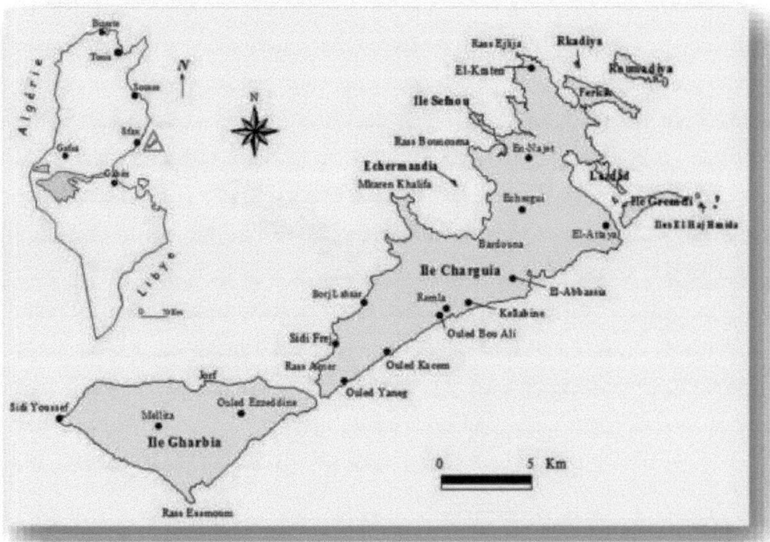

Figura 1. Mapa de localização das Ilhas Kerkennah. Folhas topográficas em 1/25000
(Fehri, 2011)

A topografia do arquipélago é muito baixa, mal emergindo de uma vasta área de baixios no Golfo de Gabes onde o ponto mais alto tem apenas 13 metros. Esta topografia é notável pelas extensões deprimidas e salinizadas de chotts ou sebkhas, hoje impróprias para a agricultura, alternando com fundos de terreno mais ou menos marcados que correspondem a crostas calcárias do Quaternário parcialmente cobertas por areias eólicas e cobrindo-as - até formações de argila vermelha do Mio -Pliocénico em que o mar corta falésias no lado oeste (Fig. 2).

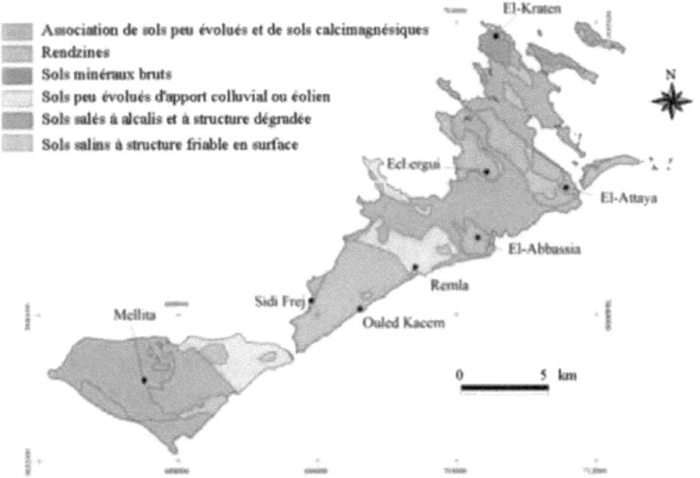

Figura 2. Mapa pedológico das Ilhas Kerkennah (Ben Hassine e Besbes, 1994 citado por Fehri, 2011)

A migração para o arquipélago marcará então Kerkennah, atraindo continentais do Sahel, Sfax, Mahdia, Djerba, que trarão as suas técnicas, trocarão as suas tradições e inspirar-se-ão em processos de construção adaptados aos ventos para se tornarem sedentários. Os recursos destas ilhas sempre se basearam em atividades agrícolas centradas principalmente na pesca, no cultivo de tamareiras, oliveiras e vinha.

Hoje, Kerkennah, com a sua beleza eterna idêntica à descrita por Heródoto, testemunha da história das civilizações mediterrânicas, sofre com a ausência de uma estratégia de desenvolvimento sustentável.

As Ilhas Kerkennah estão localizadas na costa norte do Golfo de Gabes, que é ele próprio um ambiente físico frágil, vulnerável, com recursos limitados, altamente cobiçado e que sofre diversas formas de degradação que se manifestam através dos problemas de erosão continental, erosão marinha e salinização da terra, bem como a extensão de sebkhas (SPA/RAC - ONU Meio Ambiente/PAM, 2019). Na verdade, os sebkhas e chotts ocupam um terço da superfície total das ilhas.

Apesar das limitações do ambiente natural, a agricultura em Kerkennah continua a ser uma actividade importante; constitui o segundo sector económico das ilhas depois da pesca. É sobretudo uma agricultura tradicional de subsistência, orientada principalmente para o autoconsumo e que deve fazer face às condicionantes climáticas e edáficas do ambiente natural. A agricultura é caracterizada pela predominância da arboricultura de regadio, incluindo vinha, figueiras (que são frequentemente combinadas) e oliveiras, com um espaço reduzido para culturas de regadio (Ben Salah, 2003). Além disso, uma das particularidades do arquipélago é o palmeiral que representa uma verdadeira fonte de riqueza.

A pesca e a agricultura, sectores pilares da economia local, atravessam uma grave crise gerada nomeadamente pelo abandono de práticas tradicionais bem adaptadas ao ambiente natural e pela emigração de jovens atraídos por outras actividades fora do arquipélago. Para remediar esta situação, os diferentes intervenientes a nível local, regional e nacional conceberam um grande número de projectos, muitas vezes no âmbito da cooperação internacional (Bouzid e Megdiche, 2006). Entre os seus objectivos: A conservação da biodiversidade no arquipélago, a promoção do património genético, a manutenção de práticas tradicionais ameaçadas de desaparecimento bem como a transmissão de conhecimentos indígenas relativos à conservação e utilização racional da biodiversidade.

As terras agrícolas ocupam apenas 3.450 ha, ou 22% da área total do arquipélago Kerkennah (cerca de 15.700 ha), enquanto o resto da área é coberta pelo Ghaba. "غابة" (palmeiras e árvores florestais (34%)), sebkhas (37%) e pelo sector urbano (7%) (Ben Salah, 2003). A área ocupada por árvores de fruto no arquipélago é estimada em 923 ha (CRDA-Sfax, 2000). Esta área é muito inferior à apresentada por André Louis (1961) que era de 6.190 ha. Isto implica uma redução significativa da superfície (5267 ha) o que teria causado uma perda considerável de recursos genéticos ao nível de espécies e variedades.

Capítulo II

Vinha e contexto ambiental de Kerkennah

Uma clara deterioração do coberto vegetal caracteriza todas as culturas praticadas nestas ilhas explicada pela subida do nível das águas, pela desertificação e pela salinização dos solos que constituem factores limitantes que dificultam a manutenção das culturas. Neste contexto particular, persiste o cultivo da vinha autóctone.

Esta cultura deve a sua extensão nestas ilhas aos cartagineses que introduziram o cultivo da vinha e da oliveira, fazendo das terras de Mellita e Chergui, hoje, vestígios desta vida milenar de cores ocres, arenosas, quentes e perfumadas (Fig. 3).).

Figura 3. Paisagem de Kerkennah unindo vinhas, palmeiras, romãzeiras e oliveiras

Kerkennah tem um clima semiárido com pluviosidade muito baixa, com média de 228 mm/ano. Os níveis de umidade são muito elevados e as temperaturas, embora não apresentem grandes variações nas médias mensais, podem facilmente chegar a 40°C no período de verão. O arquipélago é regularmente varrido por ventos quentes com episódios mais ou menos frequentes de siroco.

La Hamada é a área mais famosa para o cultivo da vinha; o solo é principalmente argiloso-arenoso e muito raso. A área de produção da vinha situa-se sobre uma crosta calcária.

Kerkennah é até hoje conhecida pelas suas vinhas geralmente dispersas em pomares familiares cultivados em cálice alto com braços livres, o que permite o desenvolvimento de uma vegetação significativa que protege os cachos do calor e dos fortes ventos marítimos (Harbi Ben Slimane, 1999).

Nestas vinhas encontramos quase a mesma gama de castas que a de Sfax, com predominância da casta Asli utilizada para consumo fresco, para secagem e para vinificação artesanal local (Fig. 4).

Figura 4. Cluster Asli-Kerkennah

Um estudo realizado por Bassouls (2016) relativo à casta indígena Asli no contexto pedoclimático restritivo de Kerkennah baseou-se, antes de mais, na identificação das práticas culturais e do peso cultural desta casta entre as tradições dos Kerkennianos. Fornece informação, por um lado, sobre a identificação dos diferentes locais de produção e, por outro lado, sobre a caracterização do contexto pedoclimático da área identificada. Os resultados da investigação preliminar realizada por Bassouls e dirigida por Habib Ben Cheikha, Diretor da Unidade de Popularização Territorial de Kerkennah, destacam certas particularidades do cultivo da vinha, principalmente Asli, nas ilhas. Estes dados permitiram compreender a relação dos Kerkenniens com esta casta específica e evidenciar os padrões de evolução das parcelas e os métodos práticos de gestão (Fig. 5).

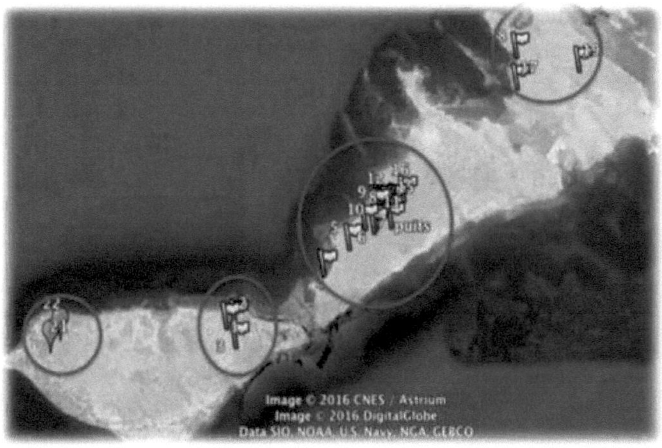

Figura 5. Mapeamento das quatro zonas de produção Asli nas Ilhas Kerkennah (Bassouls, 2016)

Relativamente à situação fundiária nas ilhas, os resultados do inquérito evidenciaram disparidades nas formas de obtenção de terras consoante os municípios (Fig. 6).

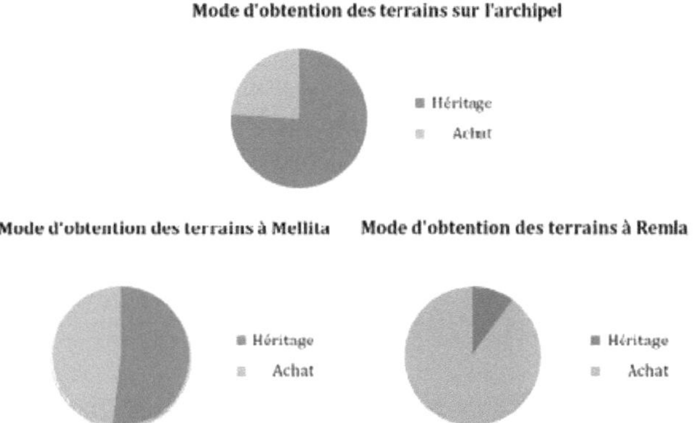

Figura 6. Método de obtenção de terrenos no arquipélago e por município (Bassouls, 2016) Os gráficos do inquérito mostram que o principal meio de obtenção de terras no arquipélago continua a ser a herança. Estas disparidades deverão ser relacionadas com o mapa das áreas irrigadas e furos do arquipélago (Fig. 7).

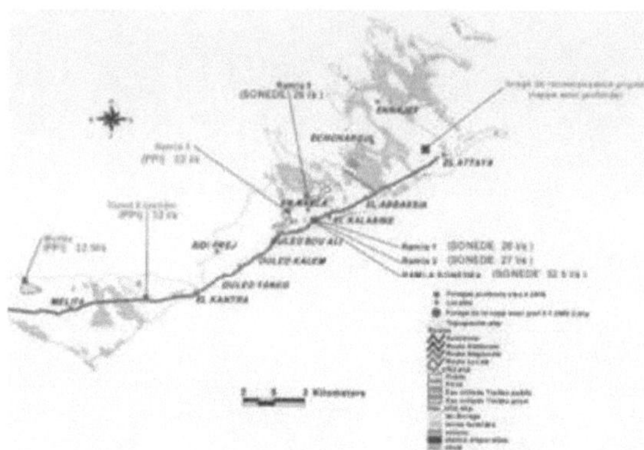

Figura 7. Mapa dos perímetros irrigados e de perfuração no arquipélago (CRDA-Sfax, 2016)

Contudo, em certas áreas irrigadas, como Mellita, a terra ganhou valor de mercado e há um aumento na compra de terrenos nestas áreas.

Se colocarmos estas observações em relação ao gráfico das áreas cultivadas, notamos que nas comunas onde o principal meio de obtenção de terras é a herança, nomeadamente Remla (ou Ramla) e Jouaber, as áreas cultivadas são muito pequenas (entre 0,04 ha e 1ha). Enquanto nas comunas de Mellita e Ouled Ezzedine, onde notamos a presença de perímetros irrigados, as áreas cultivadas pelos viticultores são maiores (entre 0,5 e 5 ha).

A situação revela parcelas muito pequenas na maioria dos casos, especialmente em Remla. O acesso à terra, principalmente através de herança, leva à fragmentação da terra, excepto em áreas que ganham valor de mercado através do estabelecimento de perímetros irrigados (Fig. 8).

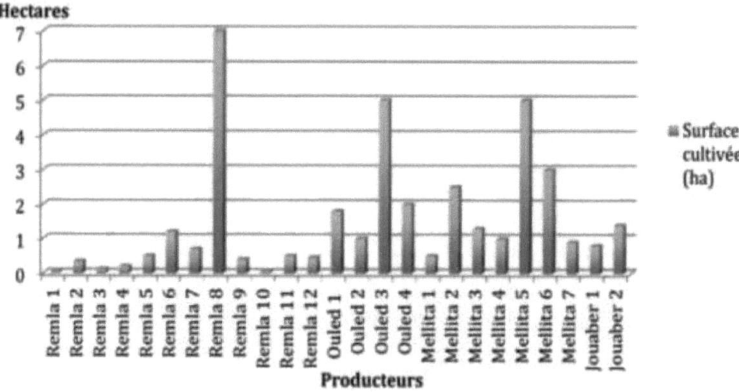

Figura 8. Áreas cultivadas nos municípios de Kerkennah (Bassouls, 2016)

O estudo das culturas e das suas associações nas parcelas revela uma proporção muito grande de culturas associadas; dos 25 agricultores inquiridos, 2 viticultores cultivam vinha em monocultura.

Nas zonas de Remla e Jouaber, a principal associação é a vinha-figueira, alguns introduziram a oliveira com irrigação gota a gota.

Já em Mellita e Ouled Ezzedine observamos uma diversificação de associações com a introdução de romãzeiras e amendoeiras e uma maior proporção de oliveiras (Fig. 9).

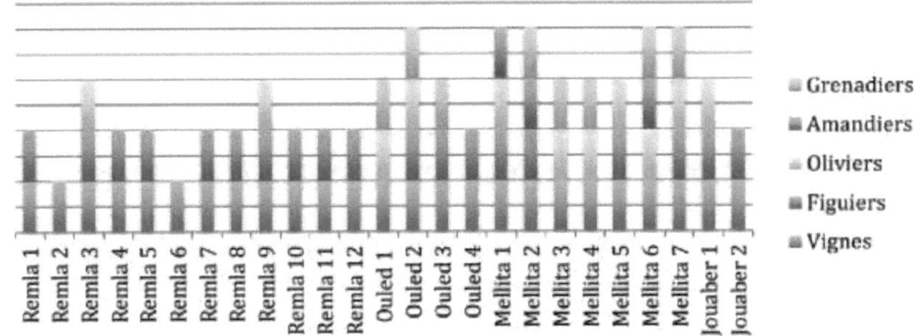

Figura 9. Culturas e suas associações em Kerkennah (Bassouls, 2016)

Além da diversificação das culturas em associações nas parcelas, observamos maior variabilidade nas castas cultivadas nas zonas de Mellita, Ouled Ezzedine e Jouaber. Com efeito, nestas comunas, alguns viticultores cultivam até 6 castas na mesma parcela. Pelo contrário, na zona de Remla, a principal e praticamente única casta cultivada é a Asli. Segundo testemunhos de viticultores, a zona de Remla é a zona ancestral de produção desta casta, de onde se dispersou para outras zonas do arquipélago (Fig. 10).

Figura 10. Distribuição das castas nas diferentes comunas de Kerken (Bassouls, 2016)

Do ponto de vista das técnicas de cultivo e mais particularmente da irrigação, existe uma grande variabilidade entre parcelas. Esta variabilidade está diretamente ligada à proximidade de um perímetro irrigado. Notamos que a principal área de produção de Asli (Remla) é de sequeiro (Fig. 11). No entanto, constatamos que os produtores desta zona, aptos a praticar o regadio, diversificaram os seus rendimentos com a introdução do cultivo da oliveira.

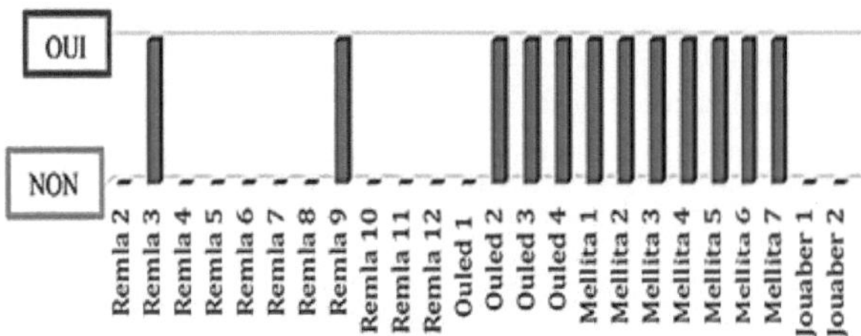

Figura 11. Prática de irrigação de acordo com o município de Kerkennah (Bassouls, 2016)

A produção de Asli de Remla, identificada como principal área de produção desta casta, é utilizada para diversos fins.

As primeiras conclusões resultantes desta análise indicam, por um lado, a existência de uma área ancestral de cultivo da casta indígena Asli, em torno de Remla. As plantas Asli são cultivadas secas e em associação com figueiras em parcelas muito pequenas. Por outro lado, o aparecimento de perímetros de regadio modificou a paisagem agrícola das ilhas, favorecendo a introdução de novas culturas como a oliveira, que tende a prevalecer sobre as culturas tradicionais.

As diferentes zonas de produção da casta Asli, identificadas através da leitura da paisagem e dos testemunhos dos diferentes intervenientes, são apresentadas na figura 12.

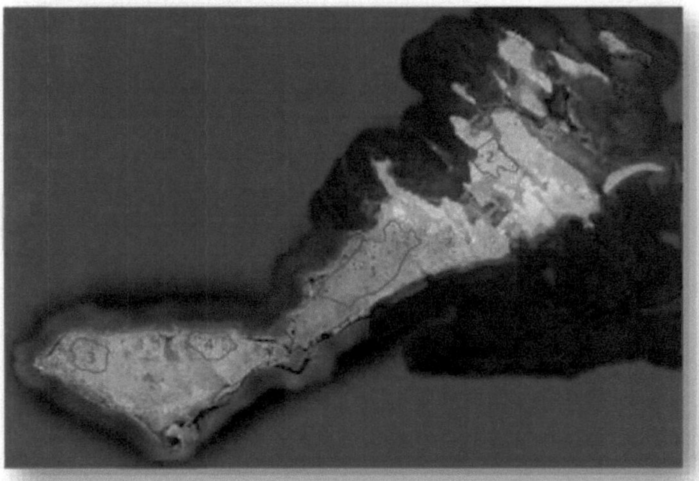

Figura 12. Mapeamento das áreas de produção de uva Asli. 1. Remla; 2. Melita; 3. Ouled Ezzedine; 4. Jouaber (Bassouls, 2016)

Este mapeamento mostra que a maior área de produção corresponde à zona 1. Isto foi confirmado pela investigação de campo.

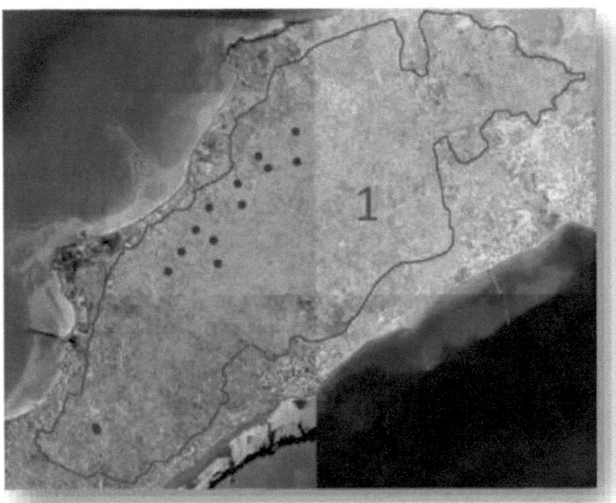

Figura 13. Mapeamento da principal área de produção de Asli (Bassouls, 2016)

Esta área, pertencente à comuna de Remla, está localizada numa entidade geológica particular, chamada Hamada, que é um planalto rochoso de calcário, elevado a partir de áreas desérticas como o Saara. No entanto, a Hamada de Remla não apresenta grande planalto quando olhamos para a sua altitude que é de 2 a 3 m acima do nível do mar. Esta área de quase 400 ha rodeia a aldeia de Remla e estende-se praticamente até à costa de qualquer uma delas. lado da ilha. Existem principalmente pequenas parcelas não superiores a um hectare plantadas com vinha e figueiras em associação.

Na parte oriental da Hamada existe hoje uma zona de regadio, as plantações de vinha foram substituídas por oliveiras. Muitas palmeiras ainda estão presentes entre os lotes e até no interior de alguns. No entanto, como estes não são mais mantidos, o palmeiral está diminuindo rapidamente. Para além desta zona, a Leste, estende-se um Sebkah que tende a ganhar terreno dia após dia. É nesta Hamada que as vinhas Asli são tradicionalmente cultivadas. Segundo os viticultores de Kerkennah, algumas das vinhas que aí se encontram têm mais de 250 anos, e algo particularmente raro é que o cultivo ainda se realiza em franc de pied.

Há alguns anos, uma iniciativa da CTV pretendia produzir pés enxertados, mas este projecto não durou. Os únicos pés resultantes desta iniciativa estão hoje em terreno da CTV. No entanto, as qualidades gustativas do Asli franc de pied devem ser preservadas; por isso a enxertia não é recomendada, pois causaria alteração na qualidade da produção.

Estamos actualmente na presença de uma área de cultivo ancestral ameaçada pela introdução de culturas mais rentáveis como a oliveira, graças a novos métodos de gestão como a irrigação e a introdução de insumos químicos.

Capítulo III

Vinha e tradições em Kerkennah

Allemand-Martin (1907) relatou os vinhedos de Kerkennah e as tradições dos habitantes no uso das uvas, seja para consumo ou processamento (Rhouma *et al.,* 2005). Hoje em dia, a colheita é celebrada em Kerkennah, costume praticado há séculos. Para isso, é anunciada uma cerimónia ao som do pandeiro em aldeias conhecidas pelo cultivo da vinha como a Q'baylia (^JJJ/JS) em Ramla para anunciar o dia "d" da vindima, acontecimento marcado pela saída do mulheres bem vestidas usando seus típicos lenços Kerkennah (Fig. 14).

Figura 14. Lenço velho com motivos de cacho de uva

Um lenço floral vermelho brilhante com motivos de cachos de uva ao redor.
Hoje, apenas um exemplar permanece no Island Heritage Museum em Abassia.
Grupos de mulheres, neste dia festivo, dirigem-se aos pomares de madrugada, cantarolando canções antigas, é o período de "guassan el aneb" (^j*Jl j'-^) que os Kerkennianos aguardam para iniciar a colheita .

3.1.A variedade Asli de Kerkennah

A variedade Asli (J"^), que significa sabor de mel, é considerada a variedade estrela da ilha (Fig. 4). É a mais difundida e também a mais antiga, pois, segundo alguns habitantes, existe hoje. Hoje, Asli as plantas têm mais de 250 anos e são cultivadas sozinhas principalmente para a produção de uvas secas. Na verdade, apenas uma pequena parte da produção da casta (menos de 5%) também é consumida fresca pelos agricultores. tem características de casta de cuba, o que permite que o excesso de produção seja aproveitado através da uva passa.

À medida que os frutos se aproximam da maturidade, os pássaros começam a causar danos às uvas desde o nascer do sol e no final do dia, começando pelos primeiros frutos. Para proteger as vinhas das aves, os Kerkennianos utilizam frequentemente restos de redes de pesca gastas recolhidas dos pescadores para cobrir toda a planta da videira e assim minimizar os danos nos cachos de uvas (Fig. 15).

Figura 15. Planta de videira totalmente coberta por redes de pesca que funcionam como rede anti-pardais

Para além da sua eficácia, esta estratégia económica e ecológica testemunha a inteligência do Kerkenniano que vive em harmonia com o seu ambiente.

3.2.Uvas frescas da variedade Asli

Durante um estudo realizado em 2015-2019 por investigadores do Instituto Nacional de Investigação Agronómica da Tunísia (INRAT) sobre o comportamento varietal da casta Asli sujeita a irrigação e o seu efeito na qualidade morfométrica e química das uvas frescas, cachos da variedade de uva Asli foram analisados.

O estudo envolveu duas parcelas cultivadas, uma irrigada (gotejamento) e outra de sequeiro, localizadas no centro do arquipélago Kerkennah (La Ramla - Fig. 12). A irrigação localizada é feita a partir de um poço superficial com água carregada com 3,6 a 6 g/l de sal que varia dependendo da época. Os cachos da casta Asli foram colhidos em plena maturação (início de Agosto) de plantas escolhidas aleatoriamente na vinha. Foram analisados dez agrupamentos por tratamento (irrigado ou sequeiro). As análises morfométricas focaram no comprimento, largura, peso do cacho e dos bagos, bem como no número de bagos por cacho. A firmeza das uvas foi medida em dois lados opostos do fruto utilizando um penetrômetro de bancada (Fruit Texture Analyzer, GUSS Manufacturing, África do Sul) equipado com uma ponta de 11 mm de diâmetro. A forma e a cor do fruto foram determinadas utilizando descritores de videira (IPGRI, UPOV, OIV, 1997).

O teor de açúcares solúveis (SST), expresso em porcentagem e representando os gramas de açúcares por 100 ml de suco, foi determinado utilizando um refratômetro digital (Type OPTECH GmbH, Munchen, Alemanha). A acidez titulável (AT) foi determinada pela dosagem titulométrica do suco com soda NaOH (0,1 N). O suco foi obtido pressionando manualmente os bagos de uva em uma peneira para eliminar a casca e as sementes a cada vez. Desta forma foi possível determinar o número de sementes por baga.

As análises morfométricas e bioquímicas de Asli realizadas estão resumidas na Figura 16. As plantas irrigadas produziram cachos medindo em média 18,3 cm de comprimento e pesando mais de 202 g/cacho, totalizando 191 bagos por cacho. Em condições de sequeiro, o cacho atingiu comprimento médio de 16,9 cm e peso médio de 217 g/cacho, totalizando 156 bagos por cacho. O peso por bago é maior no tipo de sequeiro (1,82 g). A análise do suco revelou uma grande diferença no teor de açúcar solúvel (SST), variando de 23,5% em plantas irrigadas a 26,6% em plantas de sequeiro. A acidez titulável (AT), expressa em relação ao teor de ácido tartárico, apresentou valores de 1,26 e 1,01 g/l respectivamente nas uvas cultivadas em regime de regadio e nas cultivadas em regime de sequeiro. A relação SST/AT, referente ao índice de maturidade, apresentou maior nível de maturidade nas plantas cultivadas em regime de sequeiro.

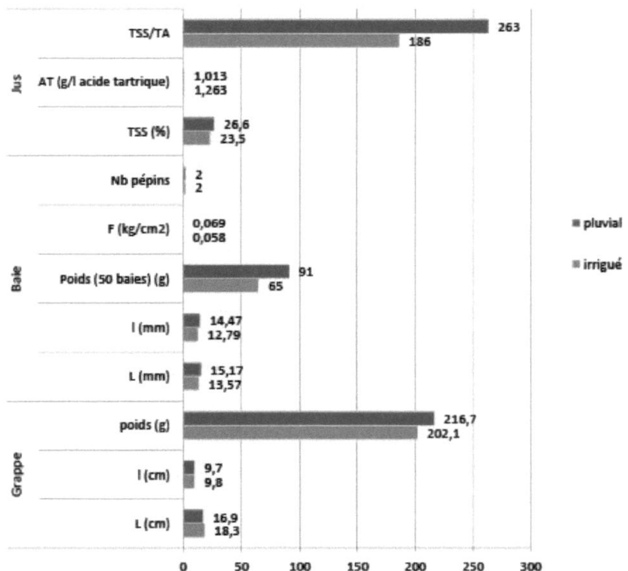

Figura 16. Efeito da irrigação nos parâmetros morfoquímicos das uvas Asli (L: comprimento, l: largura, F: firmeza, SST: teor de açúcar solúvel, TA: acidez titulável)

A irrigação provavelmente não melhorou o desempenho qualitativo desta casta; pelo contrário, o teor de açúcares solúveis e o índice de maturidade continuam a ser mais interessantes nas vinhas cultivadas em regime de sequeiro. No entanto, os longos períodos de seca e falta de água vividos nos últimos anos exigem o uso da irrigação para manter um mínimo de crescimento e produção.

Quanto à qualidade dos cachos, as medições mostraram que as plantas irrigadas produziram cachos maiores, com comprimento médio de 18,3 cm e largura de 9,8 cm. Já em condições de sequeiro, os cachos atingiram comprimento médio de 16,9 cm e largura de 9,7 cm. No entanto, o peso do cacho é maior nas vinhas de sequeiro (217 g) devido à presença de bagos maiores. Na verdade, o peso de 50 bagas apresentou uma grande diferença sob o efeito da irrigação a favor das plantas cultivadas em condições de sequeiro.

Sob irrigação, o peso de 50 bagas é de 65 g, em comparação com 91 g em condições de sequeiro. A irrigação parece ter um efeito recalcitrante no tamanho dos frutos; as plantas irrigadas produzem frutos menores. Isto pode ser explicado pela qualidade da água utilizada para irrigação. A área de Kerkennah é conhecida pelas suas águas relativamente carregadas de sal, mas sobretudo pelos seus solos pobres, pouco arejados e pouco profundos (Louis, 1963), que podem levar à salinização das terras aráveis.

A casta Asli cultivada de forma seca ou irrigada produziu bagos medindo em média 15,2 mm de comprimento por 14,5 mm de largura e 13,6 mm de comprimento por 12,8 mm de largura, respetivamente.

De referir ainda que a irrigação reduziu a firmeza das uvas. Sob irrigação, a firmeza dos frutos apresentou valor médio de 0,058 kg/cm2 comparado a 0,069 kg/cm2 nas plantas não irrigadas. Assim, as uvas cultivadas sob condições de água da chuva são notavelmente mais firmes e maiores em tamanho (Fig. 17). O número de sementes por bago é o mesmo nas vinhas irrigadas e não irrigadas.

B

Figura 17. Cachos de Asli cultivados em Kerkennah **A.** variedade de uva cultivada a seco; **B.** cëpage realizado em irrigtic

A análise do suco de uva Asli mostrou alto teor de açúcares solúveis (SST). Com efeito, as uvas, em comparação com outras frutas produzidas no arquipélago, apresentam os maiores teores de açúcar solúvel (21% a 24%) (Zemni, 2007) em comparação com os figos (16,1% a 18,4%) .) ou damascos (11,1% a 14,1%) (Lachkar, 2014).

Asli se destaca em comparação com outras variedades de uvas cultivadas na região de Kerkennah. Um estudo anterior realizado por Zemni (2007) revelou que Asli seria a casta mais doce da ilha apresentando valores em torno de 24% em comparação com Mehdoui e Kahli tendo respetivamente 21,5% e 20% de açúcares solúveis.

Quanto ao nosso estudo, o estilo de condução também influenciou o teor de açúcar solúvel. Na verdade, este último foi maior nas uvas cultivadas sob água da chuva (26,6%) em comparação com as uvas cultivadas sob irrigação (23,5%). Esta variação contribui para uma ligeira modificação na percepção do sabor e da qualidade organoléptica da fruta.

Pelo contrário, a acidez titulável (AT), expressa em gramas de ácido tartárico por litro de sumo, habitualmente utilizada na viticultura e na renologia para avaliar a acidez da colheita (Boulton, 1980), foi inferior nas uvas cultivadas em regime de sequeiro. Este parâmetro varia dependendo do solo, clima, variedade e irrigação (Boulton, 1980).

Outro parâmetro importante na determinação da qualidade dos frutos é a relação SST/AT ou índice de maturidade (Karacali, 2009), sendo superior em uvas produzidas em condições de sequeiro. Isto leva-nos à conclusão de que a irrigação atrasa o amadurecimento das uvas Asli ou que o stress hídrico antecipa o amadurecimento dos frutos. Isto foi confirmado pelos resultados publicados por Van Leeuwen e Vivin (2008) que mostraram que o stress hídrico moderado aumenta a velocidade de maturação devido à menor competição por carbono (paragem do crescimento). O estresse hídrico é, portanto, considerado um fator importante na precocidade. Com efeito, o desenvolvimento da vinha e a maturação das uvas são fortemente influenciados pelo regime hídrico. Este último depende tanto das reservas de água do solo, dos parâmetros climáticos (precipitação, ETP) e da arquitetura da vegetação (Van Leeuwen e Vivin, 2008).

Na casta Asli a irrigação não melhorou a qualidade das uvas. Pelo contrário, o tamanho dos bagos, o teor de açúcares solúveis e o índice de maturidade foram melhores nas vinhas de sequeiro, atestando a muito boa adaptação da casta Asli às condições áridas que marcam o arquipélago de Kerkennah. Neste contexto, estudos realizados por Ben Salem *et al.* (2000) demonstraram a forte adaptação de diversas cultivares locais, entre elas a Asli, estabelecida sob condições extremas de temperatura e luz no sul da Tunísia, tendo demonstrado excepcional vigor e produção precoce.

Em conclusão, é de salientar que os desempenhos qualitativos da casta Asli revelaram-se melhores em regime de sequeiro. No entanto, as alterações das condições climáticas no arquipélago de Kerkennah exigem o recurso à irrigação para manter um nível mínimo de crescimento e produção. A viticultura, por mais tradicional que seja, sempre contribuiu para a segurança alimentar das populações Kerkenianas.

A recuperação das águas pluviais (projeto de cisternas) e a melhoria da fertilidade do solo através de corretivos orgânicos poderiam constituir possíveis soluções para o sucesso do cultivo em terras marginais. Nestas condições particularmente secas, a irrigação deve acima de tudo ser um factor de aumento da produtividade. Ao manter um déficit hídrico moderado, também pode ser um fator de qualidade.

3.3. A uva passa da variedade de uva Asli: O Zebib de Asli

Minangouin (1901) impressionado com a casta Asli presente há muito tempo na vinha

Kerkennah disse: *"Asli é uma cëpaðe arregëaë pela delicadeza dos seus frutos, pelo seu sabor muito doce e pelo seu pзëcocИë , mas o seu grão é muito pequeno e a sua casca pouco ix'sislanle"* . Concluiu que é muito adequado para uvas secas. Ele avaliou sua produção em 40 kg de passas a partir de 100 kg de uvas Asli frescas Da mesma forma, graças à sua qualidade de secagem, as uvas Asli têm sido altamente recomendadas para a produção de passas (Ghrairi *et al.* 2013).

A uva seca, em árabe Zebib (^?j), constitui para o ser humano um alimento com excelente fornecimento energético, disponível o ano todo, fácil de tomar e fácil de armazenar. Também é muito apreciado pelos consumidores em todas as regiões do mundo graças às suas qualidades gustativas (sabor doce, perfumes, etc.).

O consumo de uvas secas pelo homem remonta aos tempos pré-históricos. Os primeiros coletores e caçadores humanos provavelmente reconheceram as qualidades das uvas selvagens e notaram a transformação das uvas em uma forma comestível seca após caírem da videira e ficarem ao sol. No Neolítico, as uvas provavelmente eram secas para armazenamento e viagens. Escavações arqueológicas na região do Mediterrâneo (Laquis na Palestina) revelaram pinturas murais pré-históricas que datam da Idade do Bronze, provando um uso muito antigo de passas em alimentos e decorações.

Diz-se que os primeiros fenícios e egípcios popularizaram a produção de passas e a sua utilização em todo o mundo, onde eram valorizadas pela sua fácil armazenamento e transporte (Williamson e Carughi, 2010). A nível mundial, as uvas secas são classificadas entre os frutos secos mais consumidos e as castas mais utilizadas são representadas essencialmente pela Sultanine, Golden, Muscata e Black Corinth (Ferradji *et al.* 2008).

Na Tunísia, as variedades locais mais bem preparadas para a secagem e que produzem passas de qualidade excepcional são Meski Raf-Raf (Harbi Ben Slimane, 2005) e Asli (de Sfax e Kerkennah) (Harbi Ben Slimane *et al.* 2014;

Nas Ilhas Kerkennah, a produção é autoconsumida na maioria dos casos, após transformação em Zebib. Os pratos e pastelaria confeccionados com este ingrediente fazem parte integrante das tradições e costumes das Ilhas Kerkennah.

3.3.1. Transformação de uvas Asli em Zebib

Em Madame Fathila Azzabou, que mora em Ramla, as uvas Asli são geralmente destinadas inteiramente à secagem para fazer Zebib, como é o caso de muitos Kerkennianos: as uvas são colhidas manualmente (Fig. 18).

Figura 18. Colheita de uva

Os cachos são cortados, colocados em cestos arejados transportados em grandes sacos de esparto (^UJ^Jl) designados por el alegua (<^*Jl) ou errsala (Huijil), e transportados nas costas de burros até ao local de secagem (Fig. 19).

Figura 19. Transporte de uvas para locais de secagem

Os cachos são secos diretamente na areia (Fig. 20), ou sobre uma camada de planta chamada El Gazej (^lj3Jl) que é *Pituranthos scoparius* , previamente espalhada na areia.

Figura 20. Secagem *Zebib*

São necessárias duas a três semanas para secar as uvas (Fig. 21); eles serão então separados dos caules e pedicelos.

No momento da conservação, o Zebib é lavado com água do mar como meio natural de desinfecção. As passas são então embaladas nos Zirs (j^j) (Fig. 22) ou nos Khabias (ЧД -) (Zirs tem duas alças em vez de quatro).

O Zir ou o Khabia, que podem ser feitos de terra crua ou esmaltada, permitem conservar as passas por até um ano.

Figura 21. Cesta de passas

Figura 22. Zir para conservar passas

3.3.2. O valor nutricional das passas da variedade Asli

O consumo de passas oferece inúmeros benefícios para a saúde humana que contribuem tanto para a promoção do bem-estar geral como para a prevenção de muitas doenças crónicas, como doenças gastrointestinais, doenças cardiovasculares, diabetes tipo 2 (Anderson e Waters, 2013). bem como cárie dentária (Schuster *et al.* 2017).

As uvas secas são aproximadamente 4 vezes mais calóricas que as frescas: 100 g podem fornecer aproximadamente 321 kcal, ou 1360 KJ (Anses, 2022). Além da riqueza em carboidratos, as passas contêm aproximadamente 4 vezes mais minerais e oligoelementos e baixo teor de água (Tab. 1).

Tabela 1. Composição nutricional das passas (Anses, 2022)

Passas (Valor por 100 g)	
Valor energético : 321kcal	Água : 9,9 - 22,5 g
Carboidratos : 73,2 g	Fibra : 2,8g
Proteínas : 2,07 - 3,8 g	Ácidos orgânicos : 4,7 g
Lipídios : 0,1 - 1,6 g	Colesterol : 0g

As uvas secas também são interessantes pela sua contribuição em fibra alimentar. A análise da composição da fibra alimentar mostrou predomínio de pectinas, polissacarídeos, além de resíduos de manose e glicose.

Altos níveis de frutanos (6 a 8%) também foram encontrados em amostras de passas secas ao sol ou desidratadas artificialmente (Schuster *et al.* 2017). Os frutanos atuam como prebióticos que estimulam a microflora intestinal benéfica (bifidobactérias e lactobacilos) .

Vários estudos sugerem que os frutanos podem proteger contra o câncer colorretal e reduzir os triglicerídeos no sangue (Bell, 2011).

A análise do valor nutricional do Zebib da variedade Asli de Kerkennah (Fig. 23) revelou uma riqueza em elementos minerais, nomeadamente potássio (473 mg/100 g), cálcio (187 mg/100 g) e magnésio (32 mg/100 g). g), além de um elevado teor de sódio (139,5 mg/100 g) que estaria intimamente ligado à salinidade das águas do arquipélago (Tab. 2).

Figura 23. Passas Asli

Tabela 2. Conteúdo de elementos minerais das passas Asli Kerkennah em comparação com a tabela de referência Ciqual

Elementos minerais	Passas de Asli Kerkennah (valor por 100 g)	Tabela de referência Ciqual para uvas secas (Valor por 100 g)
Cobre (Cu)	0,196 mg	0,23 - 0,5mg

Ferro (Fe)	1.954 mg	1,13 - 5,2mg
Zinco (Zn)	0,186 mg	0,12 - 0,52 mg
Sódio (Na)	139,435mg	5 - 39 ->mg
Potássio (K)	472,77mg	584 - 862 mgs
Fósforo (P)	63,502mg	74 - 125mg
Manganês (Mn)	0,219 mg	0,22 - 0,35mg
Magnésio (Mg)	31,941 mg	27 - 38mg
Cálcio (Ca)	186,999 mg	28 - 77mg

A tabela de referência Ciqual (Anses, 2022)

As uvas secas também contêm uma pequena quantidade de boro (2,2 mg/100 g), mas com efeitos significativos. Segundo a Organização Mundial da Saúde, a ingestão diária de boro para adultos é de 1 a 13 mg/dia (OMS, 1996). O boro participa do metabolismo do cálcio, cobre , magnésio , aminoácidos (constituintes das proteínas), glicose (açúcar circulante no organismo), triglicerídeos (gorduras) e estrogênios. Parece intervir na eritropoiese (formação de glóbulos vermelhos), nas defesas imunitárias e no funcionamento cerebral, e teria uma acção anti-inflamatória, mas os seus efeitos mais bem documentados dizem respeito ao seu impacto positivo no osso: calcificação e estabilização da massa óssea. (Martin, 2001; EFSA, 2004). Assim, a ingestão simultânea de cálcio e boro pelas passas seria muito importante para o crescimento do esqueleto e dos dentes nas crianças (EFSA, 2004) e na prevenção da osteoporose (Nielsen, 1996) e da artrite em adultos (Naghii e Samman, 1993).). Além disso, o Zebib de Asli de Kerkennah revela-se muito rico em vitamina E e seus derivados: tocoferóis e tocotrienóis (Tab. 3).

O valor registado para a vitamina E é de 0,4 mg/100 g, mais do dobro do valor máximo indicado pela tabela de referência internacional Ciqual (Anses, 2022).

Tabela 3. Conteúdo vitamínico de Zebib de Asli Kerkennah

Vitaminas	Passas de Asli Kerkennah (valor por 100 g)
Alfa-Tocoferol (Vitamina E)	0,4mg
Beta-Tocoferol	8,71 mg
Gama-Tocoferol	0,36 mg
Gama-Tocotrienol	4,7mg

Além disso, as uvas secas contêm vários compostos fenólicos. Esses compostos influenciam propriedades sensoriais como cor, características de sensação na boca, sabor e características antioxidantes. Os teores de polifenóis e os níveis de antioxidantes observados nas passas estão entre os mais elevados em comparação com outras frutas (Karadeniz *et al.* 2000; Jeszka-Skowron *et al.* 2017).

Na verdade, as passas contêm altas concentrações de compostos fenólicos, como ácidos fenólicos (ácidos gálicos (316-1141 mg de ácido gálico/100 g de passas), cumárico, transcaftárico, trans-coutárico e ferúlico), flavan-3-óis (catequina e epicatequina), flavonóis (miricetina, quercetina e kaempferol) e antocianinas (malvidina -3-O-glicosídeos e seus ésteres acilicos) (Karadeniz *et al.* 2000; Williamson *et al.* 2010; Murphy, 2012). As passas pretas seriam uma boa fonte alimentar rica em antocianinas responsáveis pela sua cor vermelha, roxa e azul.

O ácido linoléico (LA), pertencente à família ômega-6, tem a particularidade de ser o único ácido graxo essencial que não pode ser sintetizado pelo corpo humano, daí a importância de sua contribuição pela dieta (Kaur *et al.* 2014). A determinação de ácidos graxos em passas Asli Kerkennah (Tab. 4) revelou a predominância do ácido linoléico (27%) e de seu principal derivado, o ácido dihomo-gama-linolênico (18%). O corpo humano converte o LA em outros ácidos graxos conforme necessário, como o ácido linoléico conjugado (CLA), que possui atividade anticancerígena.

Tabela 4. Conteúdo de ácidos graxos de Zebib de Asli Kerkennah

Ácidos graxos	Passas de Asli Kerkennah
Ácido Laurico	9,28%
Ácido palmítico	15,93%
Ácido palmitoléico	2,04%
Ácido esteárico	3,23%
Ácido oleico	9,4%
Ácido linoleico	26,89%
Ácido linolênico	2,9%
1 ácido l-cisdnóico	5,88%
Ácido dihomo-gama-linolênico	17,83%
Ácido lignocérico	6,53%

A ingestão de CLA através da dieta também leva à redução da aterosclerose e à redução das estrias gordurosas (Tony e Alphine, 2020).

Ensaios realizados em coelhos alimentados com CLA revelaram triglicerídeos plasmáticos mais baixos, colesterol LDL plasmático mais baixo e menos lesões gordurosas aórticas (Lerch *et al.* 2012). Além disso, o ácido gama linolênico participa da produção de células humanas, do bom funcionamento do sistema imunológico e ajuda a reduzir o risco de doenças cardiovasculares, principal causa de mortalidade no mundo, segundo a OMS (Schuster *et al.* 2017).

3.4. Assir ou vinho da variedade de uva Asli

Falando das vinhas de Kerkennah e das tradições vinícolas dos habitantes, Allemand Martin (1907, 1940), disse: " *Os habitantes produzem anualmente um excelente vinho com as uvas, que pode ser ɪoppʐo ^ ë Marsala ou Madeira, certamente poderiam obter um rendimento muito bom e um vinho ao preço de ë ^ ë* ". Minaingouin (1905) indicou também que o Asli de Kerkennah é utilizado para fazer um vinho muito rico em álcool (16 a 17°), que lembra o vinho da Madeira. É também uma casta recomendada para a produção de vinhos licorosos. Segundo os Kerkennianos, a Asli, que tem características de uva vinífera, foi vinificada ao longo dos anos onde a produção foi abundante. do que a secagem das uvas em si, considerada uma moeda de troca para os ilhéus. Actualmente, este processo tradicional de vinificação é cada vez mais raro e limita-se à produção de pequenas quantidades de vinho destinadas ao consumo

familiar. reservados para Assir (عصير) são espalhados sobre uma camada de El Gazej. Os cachos de uva presos ao pedúnculo preenchem três quartos de um grande recipiente denominado Mahbes (^ ч ^) em terracota com diâmetro médio de 70 cm e altura média de 40. cm (fig. 24).

Figura 24. Mahbes[i] (محبس) terracota

Figura 25. Extração de suco de uva Figura 26 . Recuperação de suco de uva por esmagamento

Figura 25. Extração de suco de uva por esmagamento

A extração do suco de uva é feita por esmagamento delicado com pés cuidadosamente lavados e bem secos. Posteriormente, o suco de uva coletado (Fig. 26) é filtrado para um balde grande por meio de uma peneira coberta com um pano de malha muito fina (Fig. 27).

Figura 27. Peneira revestida com tela de malha muito fina

de terracota ou Khabias (ЧД -) que são bem cimentados com argila (Fig. 28). Os Khabias são mantidos por um período mínimo de quatro meses. Com esta técnica, estima-se que serão produzidos 20 litros de vinho para uma quantidade de 70 kg de uvas frescas Asli (Fig. 29, 30).

Figura 28. Processamento em vinho em khabia **Figura 29.** Vinho obtido de Asli

Figura 30. Armazenamento de Assir em porões e embaixo das camas. Museu Abassia (Fehri,

A vinificação Asli é realizada pelas famílias proprietárias dos maiores vinhedos. O vinho, parte do qual se destina ao consumo familiar, era bem comercializado e constituía uma fonte de rendimento estimável.

O típico Assir de Kerkennah é um vinho orgânico sem adição de produtos químicos para preservação. Este vinho é consumido 5 a 6 meses após a colheita.

Atualmente encontramos cada vez menos Assir acompanhando o declínio do cultivo da casta. Este declínio é geralmente atribuído a vinhas muito antigas e cada vez mais fragmentadas, bem como à emigração dos Kerkennianos que data da década de 1960. Uma situação acentuada pela severidade das condições climáticas do arquipélago, muito influenciadas pelo aquecimento global, pela falta de chuvas e pela falta de precipitação. aumento da salinidade do solo.

É encorajador saber que a preservação do cultivo da uva Asli está prevista através de medidas como o rejuvenescimento das plantações e a multiplicação dos pomares. Estas ações podem ter um impacto significativo na revitalização da produção de uva Asli e na preservação dos processos tradicionais de vinificação.

A análise de uma amostra de Assir (produção de 2016), realizada de acordo com os Padrões de Análise do Laboratório GIFRUITS-Tunísia, revelou as seguintes características:

- *Um alto grau alcoólico de 13°30,*
- *Baixa acidez total, em torno de 3,90*
- *Uma acidez volátil aceitável de 0,68*
- *Um teor muito baixo de SO2, não superior a 11 mg/litro, o que indica uma vinificação sem aditivos de SO2.*
- *Uma densidade de 1021/ 20° que permite a designação deste vinho como **vinho doce** .*

1.5.A uva Asli na culinária Kerkeniana

A uva Asli está ancorada na herança gastronômica Kerkenniana. Várias das receitas da Sra. Rachida Ben Ezzeddine, cuja biografia será contada mais tarde, merecem ser mencionadas nesta obra; receitas que ela nos ditou com toda a vontade de salvaguardar estas práticas culinárias às quais é extremamente apegada.

1.5.1. Charmoulet el Karnit

É um prato geralmente apresentado nas refeições de grandes cerimónias como as da circuncisão ou no dia da festa de Aid es-Seghir.

Figura 31. Charmoulet el Karnit

É um molho feito com cebolas cortadas em tiras, douradas em óleo, às quais se juntam tentáculos de polvo cortados em pedaços de 3 a 4 cm e passas. Para 2 Kg de passas usamos 3 Kg de cebola. Adicione coentro, cominho e pimenta em pó. Cozinhe tudo, retire os pedaços de polvo (Karnit) assim que estiverem cozidos e peneire o resto do preparo. Volte ao fogo baixo, juntando os pedaços de polvo ao molho de cebola.

1.5.2. Vinagre Asli

Os resíduos da técnica de vinificação constituídos pelos engaços, cascas e sementes das uvas são aproveitados para a produção de "um vinagre caseiro".

Figura 32. Vinagre Asli

A técnica consiste em adicionar água da chuva aos resíduos da vinificação do Asli. O preparo é mantido por 20 dias à sombra, depois filtrado e distribuído em potes bem fechados. Este vinagre tem grau de acetimetria de 4°56 sem álcool.

1.5.3. O Roubo de Asli

Os bagos Asli são separados dos pedicelos, lavados em água e passados por uma peneira de malha fina: ghorbel (J^J^). As uvas frescas são colocadas num recipiente ao lume, após alguns minutos o calor é reduzido e o preparado é novamente passado pelo passador de malha fina.

A mistura é então levada à fervura e depois deixada ferver em fogo baixo por quase 2 horas.

Robb de Asli costuma ser consumido pela manhã no café da manhã, acompanhado de bolinhos quentes ou ftaier (.лЛЦ) .

Figura 33. O Roubo de Asli

1.5.4. Geléia de uva Asli

As uvas Asli, inteiras ou cortadas longitudinalmente, são colocadas em um recipiente de fundo grosso com um pouco de água.

Figura 34. Geléia de Uva Asli

Para cada três medidas de uva, adicione uma medida de açúcar. Tudo é levado à fervura; retiram-se as uvas que flutuam por cima e prossegue-se a cozedura até a solidificação do preparado.

Entretanto, os frascos a utilizar para conservar a compota são esterilizados em água a ferver e depois secos num pano limpo. Eles são então enchidos deixando cerca de 2 cm de espaço vazio em cada garrafa. A garrafa é então fechada e invertida, com a tampa para baixo, até que o conteúdo esfrie. A compota assim obtida pode ser armazenada até 2 meses ao ar livre.

1.5.5. Asli passas laklouka

Laklouka é uma pastelaria antiga da região de Kerkennah e Sfax feita com uvas secas da variedade Asli. Para isso, 2.250 kg de passas são lavados, colocados em uma panela e cobertos com água. Tudo é levado para ferver em fogo médio até que os grãos do Zebib inchem.

A preparação é então triturada e filtrada em peneira de malha fina.

O filtrado é então colocado no fogo até a água reduzir. Adicionam-se 250 ml de azeite e leva-se tudo ao lume até ficar com a consistência de uma calda. Em seguida, adicione 500 g de farinha previamente dourada e continue cozinhando.

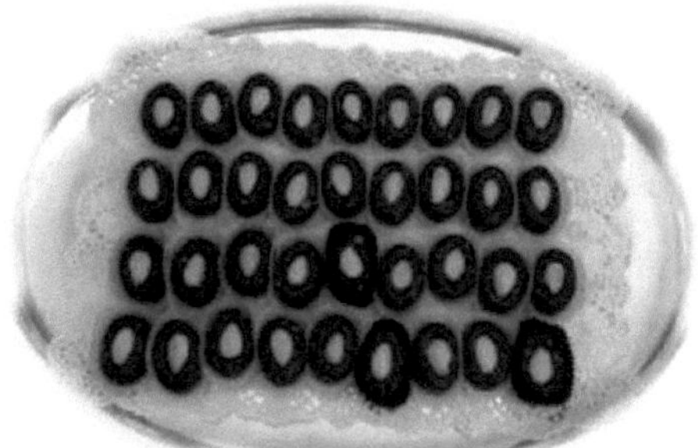

Entretanto, adicione 500 g de bsissa chamada Houar (J'J^) preparada a partir de cevada (J«-"), grão de bico (^^), cominho (JJ-£), erva-doce (^ Ц ^), casca de romã (jj JJ^), coentro (JJIJ), anis (Sp^ AJA.), trigo (^—3), sementes de gergelim (j^P^), amêndoas (JJJ) e avelãs (*jj?) grelhadas e trituradas.

Continuamos cozinhando com uma colher grande de madeira chamada medlek (<^b*).

Adicione o azeite quente e amasse novamente até que o azeite esteja completamente integrado no preparado.

Após o resfriamento, moldamos pequenos palitos para decorar com uma amêndoa moldada e dourada no óleo.

O Laklouka assim preparado pode ser guardado até dois anos e o seu consumo deve ser moderado porque é muito energético.

Uma variação do laklouka é o "Laklouket el Welada (S-^ JJI ASJKJ)". Este laklouka é geralmente preparado para mulheres nos primeiros dias após o parto. O preparo é à base de uvas secas amassadas com água e filtradas, tudo é levado ao fogo médio até dourar o preparo.

Em seguida, adicionamos um pouco de sal, farinha previamente peneirada e dourada, tudo é regado com água de alfarroba (^JJ^).

Ao preparo são adicionados figos secos *(^J*J£ A^JJ^)*, passas e um saco cheio de tomilho (J^J), feno-grego (ЯД *) e erva-doce (^>b"u). O preparo deve ser consumido quente.

1.5.6. Cuscuz de marinheiros

É um cuscuz típico de Kerkennah, cuscuz de marinheiro (SJW' ^^^^), preparado no dia da instalação de uma técnica de pesca tradicional e orgânica chamada Charfya (Vp (Fig. 36).

Sendo Charfya uma técnica de pesca típica do arquipélago onde os Kerkennianos partilham propriedades marinhas demarcadas com folhas de palmeira, compostas por um grande compartimento "casa grande", um pequeno compartimento "casa pequena", uma lâmpada, duas armadilhas, uma câmara de captura e asas. A Charfya destina-se a guiar os peixes até recintos de acácia rodeados de armadilhas. São verdadeiras armadilhas para peixes que os pescadores pescam em seus barcos. A renovação de um Charfya dura aproximadamente dois meses.

Figura 36. Pesca de Charfiya nas Ilhas Kerkennah, Tunísia. Fotógrafo: Fares Chtioui. (Instituto Nacional do Patrimônio Tunisino INP, 2019)

A técnica Charfya foi incluída em 2020 na lista representativa do Patrimônio Cultural Imaterial da Humanidade pela UNSCO. Permite, por um lado, destacar a cultura insular e marítima como um sistema transcultural e transterritorial de saberes, saberes e práticas, e constitui, por outro lado, um bom exemplo da relação harmoniosa entre o património cultural imaterial e seu ambiente físico, com vistas ao desenvolvimento sustentável (UNESCO, 2020). No dia da instalação da Charfya é preparado o cuscuz dos marinheiros (Fig. 37). Para isso utilizamos um recipiente grande onde colocamos o grão de bico, o feijão, as passas, a abóbora, a batata, o polvo.

Figura 37. Cuscuz de marinheiro

Num segundo recipiente, adicione água e sal onde cozinhamos os pedaços de carne seca ou Kaddid (AP ^{2}) com pimenta em pó, coentros e ras hanout (OJ^ ^IJ) que é uma mistura de especiarias em forma de kebaba (^J/J^), canela (Я3 ^ 3), cravo (JjJ ^J&), botão de rosa QJJ ^J^), gengibre (J?^j), erva-doce (^ Ц ^ O , erva-doce (SJ^ <^) e pimenta-do-reino. A coisa toda é cozida à parte e será serve para regar o cuscuz cozido no vapor que depois será decorado com os legumes, as passas cozidas e a pimenta malagueta.

1.5.7. Bezine bel Kaddid ou Assida com carne seca e passas

Mergulhar as passas em água antes de extrair o suco chamado Makhrouj (^JJ^). Depois de moídos e peneirados, os pedaços de carne seca (Kaddid) e as costelas de borrego são cozinhados com uma ou duas cebolas, coentros, cominhos, pimenta malagueta, ras hanout e água.

Figure 38. Bezine bel Kaddid

No final da cozedura e da adição do makhrouj, obtemos um molho mais ou menos espesso que deitamos sobre a bezina ou assida à base de sêmola, sal e água que amassamos em lume brando até obter uma pasta. O Bezine com Kaddid assim preparado é servido quente.

1.5.8. Malthouth para Zebib e Karnit

É um cuscuz de cevada polvilhado com molho à base de polvo ao qual se juntam passas no final da cozedura.

Figura 39. Malthouth em Zebib e Karnit

1.6.Biografia de Madame RachidaBen Ezzeddine

Figura 40. Sra. Rachida Ben Ezzeddine

Rachida Ben Ezzeddine passou três anos como professora especializada em tecelagem de tapetes de Kairouan no Centro de Formação Profissional de Sfax. Em 1992, instalou-se em Kerkennah para desenvolver a sua agricultura biológica cuja produção, principalmente de uvas Asli, é a base de uma diversidade de pratos e pastelaria artesanal. Além disso, a Sra. Rachida é membro da União das Mulheres Tunisinas de Ouled Office

Em 01/06/1948 , Rachida Ben Ezzeddine nasceu em machykhet Ouled Bou Ali. Obteve o certificado em tapeçaria, bordado e costura na escola Ellahmia em Sfax em 1964; Diplomada em bordado, domina o ponto Kerkennah típico do lenço ou Tarf Kerkennah (Fig. 41), o ponto Nabeul e o ponto Bizerte.

Figura 41. Tarf de Kerkennah brodd por
Sra.

Bou Ali em Kerkennah. Senhora muito activa, conhecida pela sua participação regular em feiras de artesanato como representante de referência da mulher rural Kerkennesa.

39

Capítulo IV

Variedades de videira Kerkennah

A vinha está implantada em todo o arquipélago de Kerkennah apesar da crescente pobreza dos solos e das condições climáticas cada vez mais severas, associadas ao êxodo rural dos jovens. As vinhas sobrevivem em pequenas quantidades em pomares familiares mais ou menos dispersos e constituem um reservatório de genes de inegável interesse. Estas vinhas testemunham uma biodiversidade notável, apesar das contínuas transformações e ameaças ditadas pela poluição, modernização, evolução socioeconómica, escolhas humanas, bem como pelas alterações climáticas. Monitorizar e preservar a diversidade destes recursos genéticos em programas de conservação ou reabilitação é essencial para garantir a manutenção das suas capacidades adaptativas face a futuras alterações ambientais.

No âmbito de uma agricultura preocupada com estas mudanças e com o ambiente e com o objectivo de preservar o futuro dos nossos recursos locais, o contributo das novas tecnologias ao serviço da investigação agrícola permite e contribui para a compreensão, desenvolvimento e conservação da biodiversidade de forma responsável e uso sustentável.

A análise da variabilidade das vinhas da ilha foi efectuada através de análises ampelográficas, bioquímicas, citológicas e moleculares. A análise das características morfológicas das folhas, rebentos, cachos e bagos constitui uma poderosa ferramenta ampelográfica que permite descrever, identificar e, uma vez comparadas, classificar castas (Bodor-Pesti *et al.* 2023). As análises bioquímicas dos bagos fornecem informação adicional relativamente à caracterização das variedades e à determinação da sua qualidade nutricional. No entanto, a existência de numerosos sinónimos e homónimos para cultivares (Harbi Ben Slimane, 2001; Snoussi *et al.* 2004; Calo *et al.* 2008; Cipriani *et al. 2010), significa que* os dados *do passaporte* nem sempre são suficientes para certificar as identidades, principalmente em termos de distinção de cultivares intimamente relacionadas, podendo ocorrer erros (de Oliveira *et al.* 2020).

Como a variabilidade gerada pelas condições de crescimento e estado de saúde das plantas também pode levar a identificações por vezes ambíguas (Cunha *et al.* 2020) e as caracterizações bioquímicas são altamente influenciadas por parâmetros ambientais, as análises foram então completadas pelo uso de marcadores moleculares. Estas últimas constituem uma estratégia eficaz para uma identificação mais precisa de cultivares devido ao elevado conteúdo de informação detectado diretamente ao nível do ADN sem influência ambiental e desde as fases iniciais do desenvolvimento da planta (Roychowdhury *et al.* 2014).

Marcadores moleculares são amplamente utilizados na genotipagem de recursos genéticos vegetais. Os marcadores microssatélites SSRs (Simple Sequence Repeats) ganharam considerável importância na genética e no melhoramento de plantas graças às suas características favoráveis. Um dos maiores interesses destes microssatélites reside no seu polimorfismo extremamente elevado. Isto se baseia na variação do número de unidades de repetição, constituindo o microssatélite. A análise do polimorfismo de tamanho é geralmente realizada por PCR (Polymerase Chain Reaction) ao nível dos microssatélites alvo. As impressões digitais genéticas (ou perfis genéticos) geradas por esta técnica permitem distinguir variedades dentro de uma mesma espécie. A principal vantagem desta técnica molecular é ser capaz de determinar a variedade de uma amostra de forma confiável, em qualquer estação do ano, em qualquer estágio de desenvolvimento da planta e de qualquer órgão.

Além disso, as abordagens moleculares permitem uma troca massiva de dados e a utilização de todas as informações de genotipagem disponíveis. Assim, a caracterização da biodiversidade vitivinícola local torna-se mais fácil e acessível.

4.1. Descrição ampelográfica

Uma chamada descrição morfológica ampelográfica foi realizada para a distribuição de vinhas indígenas de Kerkennah. Trata-se de uma descrição dos diferentes órgãos da planta considerados em fases específicas do desenvolvimento vegetativo indicadas pelo Código para a descrição das castas.

Este código desenvolvido em 1983 (OIV, 1983) permite uma "linguagem" universal e internacional para ampelógrafos. É utilizado pela União Internacional para a Proteção de Novas Variedades de Plantas (UPOV), pelo Conselho Internacional de Recursos Genéticos (IPGRI) estabelecido pela Organização das Nações Unidas para a Alimentação e a Agricultura (FAO) e pela Organização Internacional da Vinha e Vinho (OIV).

Este código numérico inclui 130 caracteres ampelográficos utilizados na descrição de castas e clones de videira. Cada carácter é descrito por um número que fornece informação sobre o grau de importância da sua expressão (Tab. 5).

Um determinado caráter pode ser qualitativo ou quantitativo; as características qualitativas são codificadas por números, designando o mínimo com 1 e sem limite superior.

As características quantitativas são características mensuráveis de acordo com o seguinte esquema básico:

Tabela 5: Esquema básico de codificação de caracteres ampelográficos quantitativos

Notação de caracteres	1	2	3	4	5	6	7	8	9
Significa do	Ausente ou muito fraco	Muito baixo a baixo	Fraco	Baixo a médio	MÉDIA	Médio a forte	Forte	Forte a muito forte	Muito forte

É importante ressaltar que as medições referem-se a uma amostra representativa retirada de diferentes partes da planta e em um momento bem definido do seu ciclo de desenvolvimento.

Para uma fácil apresentação ampelográfica das variedades estudadas, optou-se pela tradução e descrição codificada por texto numa ficha relativa a cada uma das variedades estudadas com ilustração dos órgãos essenciais da variedade. A informação ampelográfica relativa a cada uma das variedades é complementada por dados bioquímicos e moleculares mencionados mais adiante no texto (ponto 4.4).

Tal apresentação permite ao leitor, ampelógrafo experiente ou simples entusiasta de Kerkennah, proceder ao reconhecimento das vinhas deste arquipélago.

4.2.Diversidade genética intervarietal de vinhas Kerkennah

Para poder promover e explorar de forma eficaz e racional a diversidade genética das vinhas indígenas das Ilhas Kerkennah, é essencial ter um conhecimento prévio desta diversidade, particularmente a nível genético.

A marcação molecular permite revelar a diversidade varietal e, particularmente, identificar populações geneticamente únicas que são potencialmente úteis para os criadores (Aubertin *et al.* 2007; Arroyo-Garria *et al.* 2016). Com efeito, os recursos genéticos podem constituir reservatórios que contêm genes de interesse agronómico necessários à sua manutenção e sustentabilidade, mas também para programas de melhoramento: resistência a doenças ou stress abiótico, elevado rendimento, melhor qualidade renológica, sabor e nutrição (Flutre *et al.* 2022) .

Os marcadores moleculares podem ter diversas aplicações. Têm assim sido amplamente utilizados para a análise da diversidade genética das vinhas (Aradhya *et al.* 2003; Riahi *et al.* 2010; Ergul *et al.* 2011; De Andres *et al.* 2012; Augusto *et al.* *2021; de Oliveira et al.* 2021; de Oliveira et al. *al.* 2022), diversidade intervarietal local e análise do sortimento varietal de germoplasma (Dangi *et al.* 2001; Snoussi *et al.* 2004; Ibanez *et al.* 2009; Zinelabidine *et al.* 2010; Laucou *et al.* 2011; de Oliveira *et al. 2011; al.* 2020; Crespan *et al.* 2021), bem como a análise das relações filogenéticas (De Andres *et al.* 2012; I§gi, 2019; Cunha *et al.* 2020). A combinação dessas análises com as de referências históricas permitiu compreender e ajustar a história das variedades/cultivares (Grassi *et al.* 2006;

Crespan *et al.* 2020; Maras *et al.* 2020) e aumentar o conhecimento sobre a migração de variedades e o fluxo de genes entre populações (Lopes *et al.* 2009; Riaz *et al.* 2018).

Vários marcadores moleculares foram desenvolvidos e aplicados para a análise da diversidade genética dentro do gênero *Vitis* , incluindo particularmente marcadores microssatélites (Aradhya *et al.* 2003; Bacilieri *et al.* 2013; Migliaro *et al. 2022) ou marcadores SNP (Myles et al . 2022). .* Bacilieri *et al* .

Em geral, a diversidade genética resulta de todos os fenómenos de modificação do ADN (mutações, recombinação sexual) associados aos efeitos da seleção natural, bem como da ação humana. Baseia-se em variações nas sequências de DNA codificantes (genes) ou não codificantes. Essas variações, resultem ou não em modificação fenotípica, fisiológica ou bioquímica, são reveladas diretamente pelos marcadores moleculares. Esses marcadores são, portanto, indicadores neutros de variabilidade genética para identificar polimorfismo interespecífico, intervarietal e até mesmo intravarietal. Os marcadores microssatélites (SSRs) são constituídos por curtas repetições em tandem de sequências de DNA (1 a 6 pares de bases) que estão dispersas em todos os genomas eucarióticos, mas também no genoma de certos cloroplastos e algumas mitocôndrias. Estas repetições são encontradas tanto em regiões codificantes, mas mais frequentemente em regiões não codificantes do genoma.

A diversidade geral das vinhas cultivadas foi estudada principalmente com marcadores microssatélites (Aradhya *et al.* 2003; Arroyo-Garria *et al.* 2006; Pezzotti *et al.* 2010; Bacilieri *et al.* 2013; Riaz *et al.* 2019), milhares de SNP marcadores (Myles *et al.* 2011; Bacilieri *et al.* 2013; Laucou *et al.* 2018) ou ambos (Emanuelli *et al.* 2013; Peros *et al.* 2021).

Marcadores moleculares (microssatélites) e abordagens de análise genética são utilizados na identificação de cultivares de videira (This *et al.* 2004; Daler e Cangi, 2022) para uma melhor compreensão do estado existente.

Neste trabalho, os 9 locos marcadores microssatélites nucleares utilizados para a análise da diversidade das 8 variedades *de Vitis vinifera* L. representativas do sortido de vinhos das ilhas Kerkhenna: Asli, Mehdoui, Jerbi, Kohli, Marsaoui, Hamri, Dalia e Tounsi , foram desenvolvidos por estudos anteriores sobre *Vitis vinifera* e *Vitis riparia* : VVS2 (Thomas e Scott, 1993); VVMD5 e VVMD7 (Bowers *et al.* 1996); ssrVrZAG21, ssrVrZAG47, ssrVrZAG62, ssrVrZAG64, ssrVrZAG79 e ssrVrZAG83 (Sefc *et al.* 1999).

O estudo molecular da variabilidade genética dos recursos da ilha destacou o sortimento alélico de cada locus (perfil genético) que apresentou forte heterozigosidade. A heterozigosidade para um gene corresponde à presença de dois alelos diferentes desse gene no mesmo locus para cada um dos cromossomos homólogos. No nível do DNA, a heterozigosidade e a riqueza alélica caracterizam a diversidade genética (Brachet *et al.* 2006).

No geral, a análise revelou uma forte diversidade genética das variedades analisadas, bem como uma riqueza alélica variável dependendo dos acessos. Um total de 50 alelos foram identificados a partir dos 9 locos microssatélites analisados. Assim, o número médio de alelos por locus microssatélites varia entre 4 (ZAG83, ZAG47) e 8 (VVMD5, VVS2) com média de 5 alelos.

A propagação vegetativa seria também um elemento chave na estruturação e evolução da diversidade das vinhas indígenas das Ilhas Kerkennah. Na verdade, corrige organizações genéticas altamente heterozigóticas, limitando consideravelmente o fluxo de genes entre elas.

Ao congelar a diversidade alélica e as conexões entre alelos em diferentes loci no espaço e no tempo, a reprodução assexuada limita a perda de alelos e mantém a heterozigosidade (Judson e Normark, 1996). Pode manter uma maior diversidade de alelos, mas uma menor diversidade de genótipos em comparação com populações sexuais (Balloux *et al.* 2003).

Com base nos níveis de similaridade genética, as 8 variedades foram agrupadas em três grupos, apresentando um total de 7 genótipos não redundantes. Com este conjunto de marcadores, destacou-se um caso de sinonímia: as variedades Mehdoui/Asli. Esses dois acessos, embora identificados por caracteres morfológicos diferentes, e embora também muito heterozigotos, foram idênticos para todos os marcadores moleculares analisados. Esta variabilidade morfológica não traduzida geneticamente pode ser devida a mutações durante a evolução destes acessos não abrangidas pelos locos analisados.

Além disso, um estudo anterior envolvendo 3 microssatélites polimórficos de cloroplastos (cpSSR3, cpSSR5, cpSSR10), indicou variabilidade intraespecífica dentro das variedades analisadas que são agrupadas em 3 haplótipos distintos (A, C e D) (Snoussi *et al.* 2004). O primeiro grupo (haplótipo A) reúne as variedades Marsaoui, Tounsi e Jerbi, o segundo grupo as variedades Hamri e Dalia (haplótipo C), e o terceiro grupo as variedades Asli, Mehdoui e Kohli (haplótipo D).

De referir que as vinhas tunisinas pertencem às quatro classes A, B, C e D anteriormente descritas (Arroyo-Garria *et al.* 2002, Snoussi *et al.* 2004).

As variedades de videira Kerkennah são cultivadas em áreas onde as formas selvagens estão pouco presentes, sugerindo que a maioria delas pode derivar de materiais introduzidos na região em diferentes épocas históricas. O polimorfismo morfológico intervarietal relativamente elevado de espécies propagadas vegetativamente, como é o caso da videira, também poderia ser atribuído à seleção humana de novos fenótipos seguida de multiplicação clonal (Ollitrault *et al.* 2003).

O património genético (stock de alelos) analisado reflecte uma notável capacidade de adaptação às condições ambientais típicas das ilhas.

Estas condições, que definem um terroir, contribuem para conferir um carácter único, uma "tipicidade" às vinhas cultivadas e às uvas colhidas. A propagação clonal contribui para uma seleção específica dos genótipos mais adaptados.

Foi produzida uma ficha de referência da diversidade de castas deste arquipélago com base em estudos ampelográficos, ampelométricos, citológicos (Harbi Ben Slimane *et al.* 2014) e moleculares (Snoussi e Harbi Ben Slimane, 2014). Deve-se notar, entretanto, que o estudo da diversidade genética em nível intracultivar é mais difícil (Calderon *et al.* 2020), e esta limitação é baseada na baixa variabilidade esperada e no fato de marcadores como SSRs selecionados de polimorfismos intercultivares são menos eficazes em tais abordagens (Imazio *et al.* 2002; Mercati *et al.* 2016). Na escala de todo o genoma, o advento de tecnologias de sequenciamento de próxima geração (NGS) de alto rendimento e estudos de associação genética em larga escala (Estudos de Associação Genômica Ampla), tornou mais eficiente a identificação de SNP em larga escala e tem consideravelmente acesso otimizado à biodiversidade e melhoramento da videira (Gambino *et al.* 2017; Vondras *et al.* 2019; Roach *et al.* 2018; Villano *et al.* 2022; Butiuc-Keul e Coste, 2023). A genotipagem de videira de alto rendimento tem sido bem sucedida na distinção de vários genótipos clonais dentro da variedade de uva de vinho preta francesa 'Malbec', provando que a história da propagação moldou o seu padrão de diversidade genética (Calderon *et al.* 2020).

Dito isto, a escolha da ferramenta de genotipagem adequada deve levar em consideração o objetivo biológico, o tamanho da amostra, a resolução e precisão desejadas, bem como o orçamento disponível (Villano *et al.* 2022).

Avanços recentes e atuais em biotecnologia, biologia molecular, tecnologias de sequenciamento, ferramentas de bioinformática e modelagem abriram novas possibilidades para o melhoramento genético da videira.

Além da importância dos métodos baseados em marcadores moleculares e das tecnologias baseadas em NGS de alto rendimento que facilitaram enormemente o desenvolvimento de técnicas de genotipagem, mapeamento de associação e seleção de genoma; Os avanços nestas tecnologias mostram um potencial promissor em diversas áreas, como a transformação genética ou a edição do genoma, a resistência a doenças, a resiliência ao stress ambiental e a melhoria da qualidade das uvas, e constituem passos valiosos para uma produção de uvas sustentáveis e de alta qualidade, tendo em vista os desafios atuais e futuros. desafios na viticultura. Tais tecnologias seriam uma contribuição valiosa e promissora para um estudo mais preciso e aprofundado das vinhas Kerkennah.

4.3.Caracterização citológica de videiras Kerkennah

A enumeração cromossômica das 8 variedades representativas de vinhas indígenas cultivadas de Kerkennah é realizada utilizando a técnica de citometria de fluxo (Harbi Ben Slimane *et al.* 2014).

Essa técnica permite avaliar o nível de ploidia de plântulas, por meio da análise da quantidade de DNA do genoma nuclear por núcleos circulantes, previamente marcados com corante, em fluxo líquido em frente a uma lâmpada fluorescente.

A intensidade da fluorescência emitida por estes elementos um a um é registada por uma célula fotoeléctrica e depois comparada com um controlo.

O citômetro de fluxo é primeiro calibrado usando um controle diplóide (Fig. 44). A contagem é transcrita em um histograma na forma de um pico correspondente a uma determinada taxa de ploidia (Dolezel *et al.* 1989).

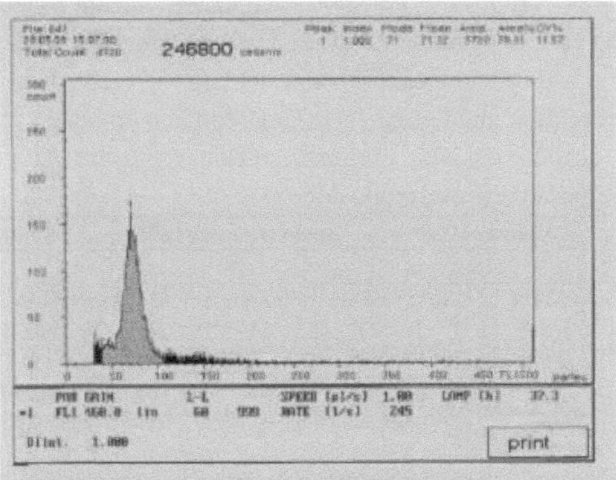

Figura 44. Representação de um modelo diplóide (2n=38)

Análises de criometria de fluxo das variedades Asli, Mehdoui, Razzegui, Jerbi, Kohli, Dalia, Bidh el H'mem mostraram que todas estas variedades representativas das vinhas indígenas Kerkennah são diplóides em 2n=38 (Fig. 44).

4.4. Folhas de variedades das principais castas de Kerkennah

Os levantamentos realizados nas ilhas permitiram identificar 8 castas indígenas representativas do sortimento varietal das vinhas Kerkennah: Asli, Mehdoui, Jerbi, Kohli, Marsaoui, Hamri, Dalia e Tounsi.

ASLI

عسلي ASLI

> *A variedade deve o seu nome à doçura dos seus frutos. Uva muito doce, de grão pequeno e com poucas sementes. A variedade de uva é cultivada exclusivamente nas Ilhas Kerkennah; é muito utilizado para o fabrico de uvas secas, mas também é utilizado para fazer um vinho muito rico em álcool (16 a 17 graus) que lembra o vinho Madeira. Amadurece no final de julho. É uma casta recomendada para a elaboração de vinhos licorosos. Trepadeira muito vigorosa, arborizada, com formato caído.*

Brotamento: verde, densidade das camadas de pelos da ponta forte.

Ramo: colorido, cor da superfície dorsal dos entrenós verde com listras vermelhas, densidade de pêlos eretos nos nós muito baixa, densidade de pêlos eretos nos entrenós baixa.

Gavinhas: distribuição descontínua no ramo, muito curtas, comprimento médio inferior a 10 cm. Poucos remadores.

Folha adulta: pequena, tamanho curto, comprimento médio 12 cm, lâmina em forma de coração com 5 lóbulos, pigmentação antocianínica da nervura principal da face dorsal da lâmina muito fraca, bolhas na face superior da lâmina média, dentes com convexidade laterais, seio peciolar levemente aberto com base em V, seios laterais superiores com lóbulos levemente sobrepostos, densidade de pelos estratificados entre as nervuras da superfície inferior média, densidade de pelos eretos entre as nervuras da superfície inferior forte, densidade dos pêlos dispostos em camadas nas veias principais da face inferior, densidade de pêlos eretos nas veias principais da face inferior forte.

Flor: hermafrodita.

Cacho: médio compacto, comprimento médio 17 cm, largura média 10 cm, peso médio 215 g. Cilíndrico-cônico, que pode ser simples ou alado. O cacho tem quase 160 bagas

Bago: tamanho médio a pequeno (comprimento médio: 15,20 cm, largura média: 14,5 cm, tamanho não uniforme, peso médio de 1,5 a 2 g, formato truncado, cor da casca verde-amarelada, dourada quando madura, uniforme, média espessura da pele, umbigo pouco visível, polpa incolor, bastante firme, muito doce.

Perfil Bioquímico da Baga		Açúcares (%)			Ácido tartárico (g/l)			Índice de maturidade		
		23,5			1.263			186		
Local microssatélite	VMDV 5	VMDV 7	VVS 2	VrZAG 21	VrZAG 47	VrZAG 62	VrZAG 64	VrZAG 79	VrZAG 83
Perfil genético (pb)	220-234	232-248	130-142	201-203	159-159	195-199	143-153	249-257	192-195

Placa 1. Variedade Asli: Folhas adultas (lado superior, lado inferior), brotamento, cacho, flor e sementes (lado dorsal, lado ventral)

MEHDOUI

MEHDOUI مهدوي

> *Mehdoui deve seu nome a Mahdia ou Mehdia, uma pequena cidade costeira no centro-leste da Tunísia. A casta encontra-se dispersa em algumas vinhas familiares. Produz uma uva muito bonita, de cor amarela, por vezes sincera, de sabor bastante fino, muito procurada.*

Brotamento: verde, densidade das camadas de pelos da ponta forte.

Ramo: colorido, cor da superfície dorsal dos entrenós verde com listras vermelhas, densidade dos pêlos eretos dos nós e entrenós muito baixa.

Gavinhas: distribuição descontínua no ramo, curtas, comprimento médio 15 cm.

Folha adulta: tamanho médio, curta, comprimento médio 12 cm, lâmina em forma de coração com 5 lóbulos, pigmentação antocianínica da nervura principal da face dorsal da lâmina muito fraca, bolhas na face superior da lâmina fraca, dentes com convexidade laterais, seio peciolar firme com base em V, seios laterais superiores firmes, com lóbulos levemente sobrepostos, densidade de pelos estratificados entre as nervuras da superfície inferior forte, densidade de pelos eretos entre as nervuras da superfície inferior média, densidade de os cabelos estão dispostos em camadas e eretos nas veias principais da superfície média inferior.

Flor: hermafrodita.

Cacho: solto, comprimento médio 19 cm, largura média 10 cm, peso médio 30 g. O cluster pode ser simples ou alado.

Bago: pequeno, tamanho não uniforme, peso médio 2,3 g, formato arredondado, cor da casca verde-amarelada dourada quando maduro, uniforme, casca grossa, umbigo pouco visível, polpa não colorida, macia.

Perfil Bioquímico		Açúcares (%)		Ácido tartárico (g/l)		Índice de maturidade		
da baía		17,9		1.163		154		
Local microssatélite	VMDV 5	VMDV 7	VVS 2	VrZAG 21	VrZAG 47	VrZAG 62	VrZAG 64	VrZAG 79	VrZAG 83
Perfil genético (pb)	220-234	232-248	130-142	201-203	159-159	195-199	143-153	249-257	192-195

Placa 2. Variedade Mehdoui: Folhas adultas (lado superior, lado inferior), brotamento, cacho, flor e sementes (lado dorsal, lado ventral)

JERBI

JERBI جربي

> *O Jerbi parece ter se originado de Vile de Jerba. A partir daí espalhou-se por todo o território, especialmente em Gabes, Sfax e nas ilhas Kerkennah. Esta casta é precoce, encontrada no mercado a 15 de junho, produtiva, dando grãos pequenos. É uma casta branca de mesa que deverá produzir um vinho muito bom devido ao seu sabor muito fino e ao seu rico teor de açúcar.*

Brotamento: verde, glabro.

Ramo: colorido, cor da face dorsal dos entrenós verde com listras vermelhas, glabro.

Gavinhas: distribuição descontínua no ramo, curtas, comprimento médio 15 cm.

Folha adulta: tamanho pequeno, muito curta, comprimento médio inferior a 9 cm, lâmina pentagonal com 5 lóbulos, dentes de lados retos, seio peciolar aberto com base em U, seios laterais superiores abertos, densidade de pêlos eretos e estratificados entre as nervuras da superfície inferior muito fraca, veias principais da superfície inferior glabras.

Flor: feminina com estames reflexos.

Cacho: médio compacto, comprimento médio 15,5 cm, largura média 7,5 cm, peso médio 100 g.

Bago: pequeno, de tamanho uniforme, formato ovóide, casca de cor amarelo dourado quando maduro, uniforme, casca grossa, umbigo pouco visível, polpa incolor, firme.

Perfil Bioquímico da baía	Açúcares (%)			Ácido tartárico (g/l)			Índice de maturidade		
	26.1			1.050			249		
Local microssatélite	VMDV 5	VMDV 7	VVS 2	VrZAG 21	VrZAG 47	VrZAG 62	VrZAG 64	VrZAG 79	VrZAG 83
Perfil genético (pb)	222-228	238-246	130-132	190-213	163-163	186-188	137-139	241-249	190-195

Placa 3. Variedade Jerbi: Folhas adultas (face superior, face inferior), brotamento, cacho, flor e sementes (face dorsal, face ventral)

KOHLI

كحلي KOHLI

Kohli ou mesmo Kahli existem na maioria dos jardins em Kerkennah. Estirpe muito vigorosa e com grande longevidade. Produz cachos de grande beleza com vantagem de maturação tardia relativamente a outras castas da localidade. É procurado pelos seus frutos silvestres crocantes, firmes e fáceis de transportar.

Brotação: vinho tinto, densidade felpuda de pêlos em camadas na extremidade média.

Ramo: colorido, cor da face dorsal dos entrenós vermelha, glabra.

Gavinhas: descontínuas no ramo, muito longas, comprimento médio superior a 35 cm.

Folha adulta: tamanho pequeno, comprimento médio 13 cm, lâmina pentagonal com cinco lóbulos, dentes com faces convexas, seio peciolar com lóbulos sobrepostos, base em U, seios laterais superiores, densidade de pelos estratificados entre as nervuras da superfície inferior baixa, densidade dos pêlos erigidos entre as nervuras da superfície inferior baixa, densidade dos pêlos estratificados nas nervuras principais da superfície inferior baixa, densidade dos pêlos erguidos nas nervuras principais da superfície inferior muito baixa.

Flor: hermafrodita.

Cacho: solto, comprimento médio 18 cm, largura média 11 cm, peso médio 240 g.

Bago: grande, tamanho uniforme, peso médio 4 g, formato truncado, cor da casca inicialmente rosada, tornando-se depois vermelha escura, pruína quando madura, vermelho púrpura escuro, uniforme, a sua casca muito grossa permite-lhe conservar-se por muito tempo e exportá-lo. Infelizmente o seu sabor não é muito fino, lembra ameixa, umbigo pouco visível, polpa sem cor, firme, pouco doce.

Perfil Bioquímico da Baga	Açúcares (%)	Ácido tartárico (g/l)	Índice de maturidade
	16.3	0,84	197

Local microssatélite	VMDV 5	VMDV 7	VVS 2	VrZAG 21	VrZAG 47	VrZAG 62	VrZAG 64	VrZAG 79	VrZAG 83
Perfil genético (pb)	228-232	238-250	130-150	190-205	157-163	186-188	139-163	245-245	190-195

Placa 4. Variedade Kohli: Folhas adultas (lado superior, lado inferior), brotamento, cacho, flor e sementes (lado dorsal, lado ventral)

MARSAOUI

MARSAOUI مرساوي

> *Não é abundante nos pomares de Kerkhennah. O nome da variedade de uva provavelmente vem de sua cidade de origem, Marsa, nos subúrbios ao norte de Túnis. Marsaoui é muito apreciado pela atratividade do cacho de frutas grandes, firmes e crocantes.*

Brotamento: colorido, distribuição de pigmentação antocianínica na extremidade generalizada, densidade de pêlos em camadas na extremidade média.

Ramo: colorido, cor da superfície dorsal dos entrenós verde com listras vermelhas, densidade dos pêlos eretos dos nós e entrenós muito baixa.

Gavinhas: distribuição descontínua no galho, comprimento médio 20 cm.

Folha adulta: pequena, curta, comprimento médio de 12 cm, lâmina de formato pentagonal com 5 lóbulos, pigmentação antocianínica da nervura principal da superfície dorsal da lâmina muito fraca, superfície superior da lâmina com bolhas muito fracas, dentes com lados convexos, seio peciolar muito aberto com base em U, seios laterais superiores firmes, densidade de pêlos estratificados entre as nervuras da superfície inferior muito baixa, densidade de pêlos eretos entre as nervuras da superfície inferior média, densidade de pêlos estratificados e eretos nas veias, partes principais da face inferior fraca.

Flor: feminina com estames reflexos.

Cacho: médio compacto, comprimento médio 20 cm, largura média 15 cm, peso médio 650 g.

Bago: tamanho médio, peso médio 7 g, não uniforme, arredondado, cor da casca verde-amarelada, dourado quando maduro, uniforme, casca muito grossa, umbigo pouco visível, polpa não colorida, firme.

Perfil	Açúcares (%)	Ácido tartárico (g/l)	Índice de maturidade
Bioquímica da baía	20,8	1.013	206

Local microssatélite	VMDV 5	VMDV 7	VVS 2	VrZAG 21	VrZAG 47	VrZAG 62	VrZAG 64	VrZAG 79	VrZAG 83
Perfil genético (pb)	228-236	238-238	144-148	190-205	172-172	186-188	143-143	255-255	190-201

Placa 5. Variedade Marsaoui: Folhas adultas (face superior, face inferior), brotamento, cacho, flor e sementes (face dorsal, face ventral)

Hamri

HAMRI حمري

Hamri está bastante bem representado nos pomares de Kerkennah; Esta casta apresenta bonitos cachos que lembram os de Limaoua de Gabes e Bazzoul el Khadem a Raf Raf (Snoussi et al. 2004). Seu nome seria atribuído à cor de seus frutos vermelho-rosados. Hamri é conhecido pela sua boa produção, pela sua resistência à seca e ao siroco, pelo seu atraso e pela sua capacidade de se manter no solo por muito tempo (Harbi Ben Slimane, 2004; Harbi Ben Slimane e Barka, 2006; Harbi Ben Slimane et al. 2010).

Brotamento: coloração bronze, distribuição de pigmentação antocianínica na ponta generalizada, densidade de pêlos eretos na ponta muito baixa.

Ramo: colorido, cor da face dorsal dos entrenós vermelhos, nós glabros e entrenós.

Gavinhas: descontínuas no galho, comprimento médio 15 cm.

Folha adulta: tamanho médio, comprimento médio 15 cm, lâmina cuneiforme com cinco lóbulos, pigmentação antocianínica da nervura principal da superfície dorsal da lâmina média, formação de bolhas na superfície superior da lâmina muito fraca, dentes com lados retilíneos, peciolar aberto seio, com base em U, seios laterais superiores pouco firmes, densidade de pêlos eretos e camadas entre as nervuras da superfície superior da lâmina foliar muito baixa, densidade de pêlos eretos nas nervuras principais da superfície inferior forte.

Flor: hermafrodita.

Cacho: médio compacto, comprimento médio 17 cm, largura média 8 cm, peso médio 260 g.

Bago: grande, tamanho uniforme, peso médio 5,9 g, formato ovóide, cor da casca rosa a vermelha, não uniforme, casca de espessura média, umbigo pouco visível, polpa não colorida, firme.

Perfil	Açúcares (%)	Ácido tartárico (g/l)	Índice de maturidade
Bioquímica da baía	21.8	0,800	279

Local microssatélite	VMDV 5	VMDV 7	VVS 2	VrZAG 21	VrZAG 47	VrZAG 62	VrZAG 64	VrZAG 79	VrZAG 83
Perfil genético (pb)	232-236	232-244	130-152	190-201	157-172	195-203	139-163	245-255	190-195

Placa 6. Variedade Hamri: Folhas adultas (lado superior, lado inferior), brotamento, cacho, flor e sementes (lado dorsal, lado ventral)

DÁLIA

DALIA داليا

> *O termo "dalia" significa videira em árabe. Ainda simboliza um ramo florido em hebraico; designa também qualquer trepadeira que constitui uma espécie de abrigo nos pátios das casas.*

Brotamento: carmim, distribuição de pigmentação antocianínica da ponta generalizada, intensidade de pigmentação antocianínica média, densidade de pêlos caídos da ponta média, densidade de pêlos eretos da ponta muito baixa.

Ramo: colorido, cor da face dorsal e ventral dos entrenós verde com listras vermelhas, densidade de pêlos eretos dos nós e entrenós muito baixa.

Gavinhas: distribuição descontínua no galho, comprimento médio 20 cm.

Folha adulta: pequena, tamanho curto, comprimento médio 12 cm, lâmina cuneiforme com 7 lóbulos, pigmentação antocianínica da nervura principal da face dorsal da lâmina média, bolhas na face superior da lâmina muito fracas, dentes com lados retos, seio peciolar muito aberto com base em U, seios laterais superiores com lóbulos ligeiramente sobrepostos, densidade de pêlos estratificados entre as nervuras da superfície inferior média, densidade de pêlos eretos entre as nervuras da superfície inferior forte, densidade de pêlos em camadas e ereto nas costelas principais do lado inferior forte.

Flor: hermafrodita.

Cacho: compacidade média, alado, comprimento médio 25 cm, largura média 18 cm, peso médio 476 g.

Bago: tamanho médio, não uniforme, peso médio 3,2 g, ovoide, cor da casca verde-amarelada, polpa uniforme, incolor, firme, espessura média da casca.

Local microssatélite	VMDV 5	VMDV 7	VVS 2	VrZAG 21	VrZAG 47	VrZAG 62	VrZAG 64	VrZAG 79	VrZAG 83
Perfil genético (pb)	224-236	244-246	130-146	190-201	172-172	199-203	163-163	255-255	192-195

Placa 7. Variedade Dalia: Folhas adultas (face superior, face inferior), brotamento, cacho, flor e sementes (face dorsal, face ventral)

Tounsi

Tounsi تونسي

O Tounsi, também chamado de Razzegui, M'guargueb ou Farrani, parece vir de Raf Raf, no norte da Tunísia. Foi pelo menos nas vinhas desta localidade que se notou pela primeira vez (Minaingouin, 1905); posteriormente, espalhou-se por quase toda a Tunísia. Muitas vezes ficamos muito impressionados com o tamanho dos bagos desta casta e não podemos deixar de pensar que se mantivéssemos este tamanho para todos os bagos do cacho obteríamos uma uva de mesa incomparável (Branas, 19~4). Tounsi produz uma uva muito bonita, com frutos firmes que se prestam facilmente tanto à conservação como ao transporte.

Brotamento: avermelhado, distribuição de pigmentação antocianínica na extremidade generalizada, densidade de pêlos estratificados na extremidade forte.

Ramo: forte, colorido, cor da superfície dorsal dos entrenós verde com listras vermelhas, densidade dos pêlos eretos dos nós e entrenós muito baixa.

Gavinhas: distribuição descontínua no ramo, curtas, finas, comprimento médio de 15 cm.

Folha adulta: tamanho médio a grande, muito curta, comprimento médio inferior a 9 cm, lâmina pentagonal com 3 lóbulos, pigmentação antocianínica da nervura principal da face dorsal da lâmina muito fraca, formação de bolhas na face superior da lâmina muito fraca bolhas fracas, dentes com lados retos, seio peciolar aberto com base em forma de U, seios laterais superiores firmes, densidade de pêlos estratificados entre as veias da superfície inferior baixa, densidade de pêlos erguidos entre as veias da superfície inferior muito baixa, densidade de pêlos em camadas nas nervuras principais da superfície inferior baixa, densidade de pêlos eretos nas nervuras principais da superfície inferior muito baixa.

Flor: feminina com estames reflexos.

Cacho: médio compacto, comprimento médio 22 cm, largura média 10 cm, peso médio 270 g. O cluster está sujeito a millerandage.

Bago: tamanho não uniforme, peso médio 5,5 g, formato arredondado ligeiramente deprimido na parte inferior em forma de maçã, cor da casca verde-amarelado dourado quando maduro, não uniforme, casca grossa, umbigo visível, polpa incolor , firme e crocante.

Sementes: grandes e poucas.

Perfil	Açúcares (%)	Ácido tartárico (g/l)	Índice de maturidade
Bioquímica da baía	20,8	1.650	126

Local microssatélite	VMDV 5	VMDV 7	VVS 2	VrZAG 21	VrZAG 47	VrZAG 62	VrZAG 64	VrZAG 79	VrZAG 83
Perfil genético (pb)	234-236	238-250	130-144	188-203	159-159	186-199	143-163	257-257	192-192

Placa 8. Variedade Tounsi: Folhas adultas (lado superior, lado inferior), brotamento, cacho, flor e sementes (lado dorsal, lado ventral)

A casta Tounsi é muito apreciada pelo consumidor tunisino apesar da falta de millerandage o que deprecia muito a harmonia do cacho e provoca uma quebra na produção. Esta millerandage resulta na heterogeneidade do tamanho dos frutos durante a sua fase de crescimento (Fig. 42), principalmente quando a cepa da casta é isolada. Este fenómeno é atribuído ao pólen infértil da casta (Harbi Ben Slimane *et al.* 2004).

Figura 42. Tounsi millerande

A cepa Tounsi é muito vigorosa (Fig. 43), de formato semiereto, ramos muito fortes, avermelhados, sulcos marcados e merithalles curtos. O Tounsi geralmente é treinado nos pátios das casas. A casta é muito apreciada pelo tamanho e firmeza dos seus bagos. É a maior uva de mesa da Tunísia, que se presta facilmente ao transporte e à conservação.

Figura 43. Cepa Tounsi palissde

4.5. Caracterização fisiológica das vinhas Kerkennah: Estudo especial da casta Asli

4.5.1. Broto

As anotações de abertura de gemas feitas ao longo da madeira podada Asli em condições irrigadas e secas revelaram uma flutuação de acordo com sua classificação de inserção no galho indicado a seguir (Fig. 45):

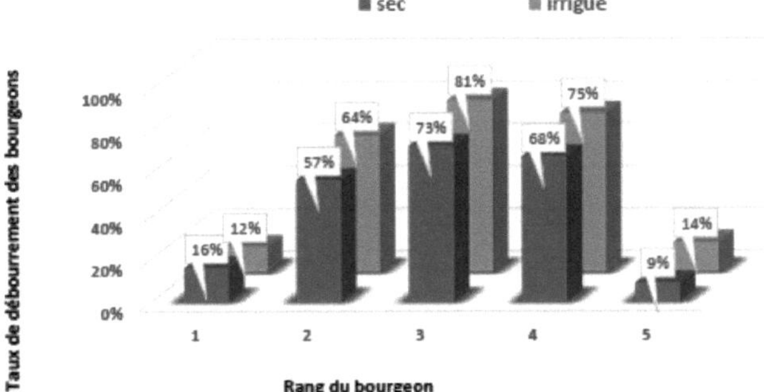

Figura 45. Taxa de brotação em função da linha do bastão (madeira do ano)

A brotação das três primeiras gemas que seguem a gema (primeira gema na base da haste, conhecida na videira pela baixa taxa de expressão) é relativamente elevada para os dois métodos de manejo considerados. Para além do botão da linha 5, nota-se uma queda notável na taxa de rebentamento tanto em condições irrigadas como em condições secas.

4.5.2. Fertilidade dos botões

A fertilidade das gemas ao longo da madeira é um conceito importante para uma poda adequada da casta. A fertilidade está relacionada com a posição da gema no ramo, com as características internas da planta, bem como com o seu vigor que depende da poda aplicada na madeira com dois anos. A noção de fertilidade está intimamente relacionada com o manejo seco ou irrigado.

As notações registadas em Kerkennah em Agosto de 2018 revelaram que a fertilidade de Asli, expressa no número médio de inflorescências por ramo, foi estimada em 0,8 para castas secas e 1,1 para castas irrigadas (Fig. 46 A). Por outro lado, para Asli, o número médio de cachos por planta foi de 15 em condições secas e 18 sob irrigação (Fig. 46 B).

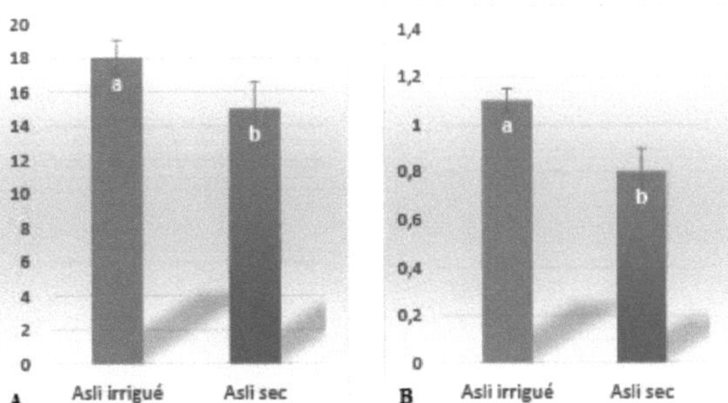

Figura 46. A. Número médio de inflorescências por ramo **B.** Número médio de cachos por planta Área foliar

Medições realizadas em agosto de 2018 revelaram que o método de manejo teve um efeito muito significativo na área foliar média das variedades de uva Asli cultivadas

63

nas Ilhas Kerkennah (Fig. 47). Na verdade, para as plantas cultivadas sob irrigação, a área superficial média das folhas era significativamente maior (350 cm ^{2}) do que a das plantas cultivadas sob condições de sequeiro (250 cm ^{2}).

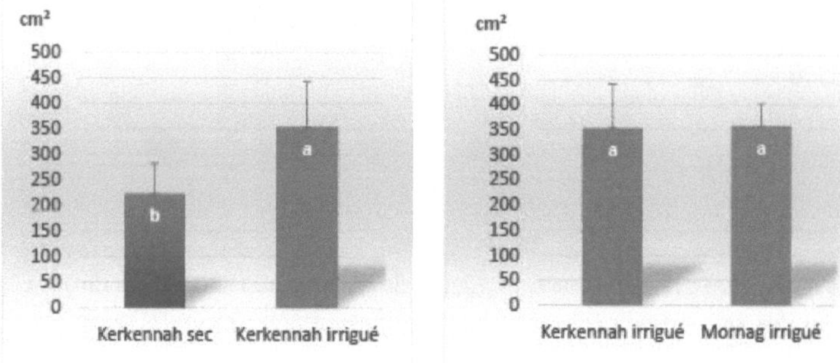

Figura 47: Área foliar de Asli irrigada por água da chuva e irrigação em Kerkennah
Figura 48: Área foliar de Asli irrigada em Kerkennah e Mornag

No entanto, as comparações entre a área foliar média das variedades de uvas irrigadas Asli em Kerkennah e Mornag (governadoria de Ben Arous) não mostraram diferenças significativas (Fig. 48). A irrigação parece ter um efeito significativo na superfície foliar desta variedade de uva, independentemente da região de cultivo.

4.5.3. Conteúdo de clorofila nas folhas

A clorofila é um pigmento verde que permite que as plantas fotossintéticas realizem a fotossíntese.

Este processo usa a luz solar para converter dióxido de carbono e água em blocos de construção para plantas. O teor de clorofila das folhas é, portanto, um indicador da boa saúde das plantas. Este teor pode ser medido através da dosagem de folhas retiradas da videira (método destrutivo) ou utilizando vários instrumentos de medição incluindo o SPAD-502 Plus que utilizámos para medir o teor de clorofila da casta Asli, permitindo uma avaliação rápida, fácil e não destrutiva. (Fig. 49).

Figura 49. Medições *in-situ* do conteúdo de clorofila de cểpaдe Asli a Kerkennah

Essas medições têm ë ± ë realizado em Kerkennah sur Asli cultivado em irrigim e sequeiro bem como no Norte em Mornag sur Asli originário de Kerkennah e cultivado em irrigação e isto durante o mês de agosto de 2018 caracterizado por picos de temperaturas acima de 35°C, muitos mais frequentes em Kerkennah do que em Mornag (Fig. 50).

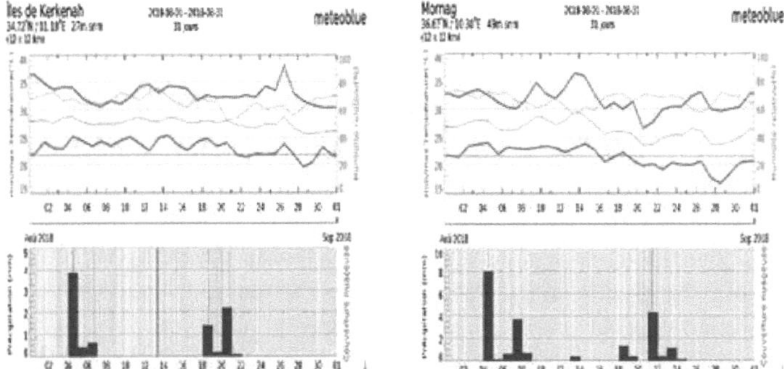

Figura 50. Eu ктшШё temperaturas relativas, mínimas, máximas e médias e precipitação registradas durante o mês de agosto de 2018 para as regiões de Kerkennah e Mornag (Arquivos Meteoblue, 2019)

Com efeito, o regime térmico do arquipélago é um regime mediterrânico quente, onde a evaporação é muito elevada, a precipitação é baixa e irregular, conduzindo a uma escassez massiva de água que ascende a mais de 1036 mm/ano (Fehri, 2011).

Como resultado, as restrições hídricas para a viticultura em Kerkennah seriam um factor muito limitante.

Após medições realizadas em agosto de 2018, pudemos constatar que, para as castas Asli cultivadas nas Ilhas Kerkennah, o método de cultivo irrigado ou de sequeiro não teve efeito significativo no teor de clorofila das folhas (Fig. 51). A ausência de irrigação não parece afectar o teor de clorofila das castas cultivadas em condições de sequeiro, em comparação com as cultivadas sob irrigação.

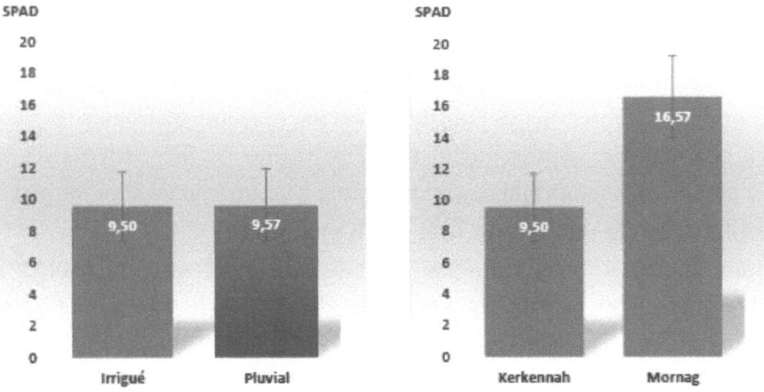

Figura 51: Conteúdo de clorofila nas folhas medido em unidades SPAD em Asli conduzido sob condições de sequeiro e irrigação em Kerkennah

Figura 52: Conteúdo de clorofila das folhas medido em unidades SPAD em Asli irrigado em Kerkennah e Mornag

O elemento água, portanto, não parece ser o fator mais limitante para o teor de clorofila. Com efeito, as adaptações morfológicas permitiriam a certas espécies limitar a absorção de luz e/ou a perda de água (pilosidade das folhas, presença de tricomas, etc.).

Fatores comuns a ambos os modos de condução, como as altas temperaturas, a salinidade dos solos aráveis e a radiação global muito elevada, poderiam explicar este grau de igualdade.

Nas variedades indígenas tunisinas Asli e Razegui, Hanana *et al.* (2014) demonstraram que o mecanismo fisiológico de tolerância ao estresse abiótico é baseado na sua capacidade de manter a atividade fotossintética apesar do estresse abiótico.

Além disso, pudemos constatar que o teor de clorofila da casta Asli cultivada em Kerkennah era significativamente inferior (-57%) ao da Asli cultivada em Mornag durante o mesmo período e com o mesmo método de gestão da irrigação (irrigada). (Fig. 52). Como resultado, o potencial fotossintético de Asli ficaria limitado a Kerkennah e funcionaria melhor nas condições climáticas de Mornag, que são muito menos restritivas do que as do arquipélago. A qualidade da água de irrigação, menos salgada em Mornag do que em Kerkennah, também desempenharia um papel determinante na limitação do teor de clorofila.

Esses achados são consistentes com os resultados de Hanana *et al.* (2014), tendo constatado que a casta Asli submetida a stress salino (NaCl 100 mM) apresentou uma redução significativa nos teores de clorofila (-61%). Estes autores sublinham ainda que as estratégias de adaptação ao stress salino da Asli seriam menos eficazes do que as da casta Razzegui.

Além disso, as mudanças estruturais ao nível das folhas também poderiam explicar as diferenças significativas observadas entre os valores SPAD de Asli cultivadas em Kerkennah, no Sul, ou em Mornag, no Norte da Tunísia.

Na verdade, um estudo comparativo realizado por Ben Salem-Fnayou *et al.* (2005) entre plantas Asli cultivadas no Sul e Norte da Tunísia mostraram diferenças estruturais nas folhas. Na verdade, a epiderme e a parede externa das células epidérmicas das folhas de videira do Sul são mais espessas do que as das folhas cultivadas no Norte. Observações realizadas por microscopia eletrônica de transmissão permitiram atribuir esse espessamento (principalmente da face externa da epiderme superior) à parede da pectocelulose, concomitante à deposição de cera intracuticular.

4.6.Multiplicação da variedade Asli em Kerkennah

Esta é uma iniciativa para reabilitar a variedade Asli no seu habitat original, Kerkennah. Quase 500 plantas da variedade de uva Asli foram multiplicadas na Unidade de Experimentação Agrícola Mornag, do Instituto Nacional de Pesquisa Agronômica da Tunísia. Para isso, estacas de 60 cm de comprimento e 0,5 cm de diâmetro foram retiradas de plantas Asli em Kerkennah no final de dezembro de 2017. Essas estacas (Fig. 53) foram previamente submetidas à imersão antifúngica e conservação por meses em câmara úmida e fria em 4°C em sacos microperfurados.

A imersão das estacas em exuberona diluída a 50% precedeu a sua estratificação métrica até o final de março.

Figura 53. Cortes na saída do medidor

As estacas estratificadas foram acondicionadas em sachês em substrato composto por 2/3 de turfa e 1/3 de areia com adição de 10 g de osmocote por sachê (sendo o osmocote um fertilizante de liberação progressiva, capaz de suprir as necessidades nutricionais necessárias à planta durante o período de vegetação).

As mudas em sacos são então colocadas à sombra com controle da irrigação e do estado de saúde das plantas. O cultivo das plantas continuou até o final de janeiro de 2018 (Fig. 54).

Figura 54. Cultivo de plantas à sombra

A despojamento manual foi realizada eliminando-se as pontas dos brotos jovens e dos ramos laterais, a fim de limitar a massa vegetativa da planta.

Foi realizada uma tripla cobertura durante o período vegetativo, permitindo assim um melhor controle do vigor da planta e da sua sanidade, promovendo a aeração da vegetação.

Uma poda dupla das plantas foi feita em janeiro de 2018, antes de entregá-las ao Grupo de Agricultura Orgânica localizado em Ouled Kacem-Kerkennah.

O Sr. Nejib Megdiche, presidente do referido Grupo, foi o responsável pela distribuição das plantas para incentivar os agricultores a repor o número de plantas Asli em Kerkennah, permitindo assim a preservação desta casta com as características procuradas do terroir. Esta acção de propagação vegetativa do Asli constitui por si um meio eficaz para a preservação desta casta que constitui a vinha carro-chefe da ilha.

Um programa para desenvolver técnicas de propagação da vinha Kerkennah em maior escala está planeado pelo Groupement d'Agriculture Biologique-Ouled Kacem-Kerkennah em resposta às necessidades dos agricultores que estão bem conscientes da importância de tal acção. Estes últimos esperam rejuvenescer a sua vinha e garantir a preservação da casta Asli e de outras castas antigas Kerkennah que não são menos importantes.

As raízes de Asli (492) foram entregues a agricultores da zona de Zori afiliados ao Grupo Ouled Kacem e a dois amadores de Asli em Ras Bounouma e El Ataya (Tabela 6).

Tabela 6 : Distribuição de culturas de raízes Asli aos agricultores em Kerkennah, 2018

Agricultor	Número de plantas	Localização
Sarsar Ahmed	30	Ezzohri

Megdiche Chaaben	30	Ezzohri
Tarrouch Jamel	30	Ezzohri
Hammeni Daoud	30	Ezzohri
Ezzidi Sami	30	Ezzohri
Hammeni Si'da	30	Ezzohri
Megdiche Habib	30	Ezzohri
El Habib Murad Enneji	30	Ezzohri
El Mechti Sallouha	30	Ezzohri
Megdiche Salah	30	Ezzohri
Gueddiche Mohamed	30	Ezzohri
El Fekki Slim	30	Ezzohri
El Fekki Cherif	20	Ezzohri
El Mechi Abdelmajid	10	Ezzohri
Chahtour Mohamed Khafi	15	Ezzohri
Chahtour Halima	05	Ezzohri
Ezzidi Mohamed	10	Ezzohri
Ezzidi Abdelatif	05	Ezzohri
H'mida Bëlel	10	Ezzohri
Megdiche Megdiche	07	Ezzohri
Echaouech Ennacer	15	Ezzohri
Akrout Tarek	30	Ras Bounouma
Larous Abdelkader	5	El Ataya

Capítulo V

Situação fitossanitária das vinhas em Kerkennah

A videira, como qualquer cultura, está exposta a diversas pragas e doenças descritas por Galet (1982). Entre as principais espécies de insetos hemípteros: cigarrinhas e pulgões, e entre as doenças virais mais importantes da região mediterrânea estão o nó curto.

5.1.As principais pragas identificadas em Kerkennah

5.1.1. Pulgões

São tão numerosos e diversos que formam uma superfamília (*Aphidoideae*) na qual o polimorfismo é uma das características principais. A mesma espécie pode ser conhecida em diversas formas, variando de aladas a fisicamente aptas, sexuais ou partenogenéticas, ovíparas ou vivíparas. Esses pulgões são globosos, de formato oval ou esférico e medem entre 0,5 mm e 7 mm. A cabeça possui um par de antenas de 3 a 6 segmentos, olhos compostos, testa mais ou menos sinuosa e sistema oral do tipo morder-sugar. As asas têm poucas veias e geralmente são transparentes. O abdômen, de pigmentação clara a escura, brilhante a fosco e de formato oblongo a redondo, pode ser coberto com cera. Caracteriza-se pela presença ou ausência de um par de cornículas e uma cauda de formato e cor muito variáveis dependendo da espécie.

As cornículas, cauda, antenas e pigmentação do abdômen são os critérios de identificação mais importantes. As espécies mais conhecidas nas vinhas são os pulgões e a filoxera. Sabendo que as castas indígenas de Kerkennah crescem livremente, surge o risco de observar filoxera. É um pulgão da família dos filoxerídeos que ataca as raízes das videiras, podendo causar a sua morte.

A "Filoxera da videira" americana tem formas gálicas nas folhas e raízes, dando origem a radicícolas viríniparas durante o inverno ou sexuais, gerando ovos de inverno. Em 1863, os danos foram tão graves que a viabilidade da viticultura na Europa ficou ameaçada .

Desde então, as vinhas foram enxertadas em vinhas americanas resistentes a este pulgão. Os pulgões cítricos verdes *Aphis spiraecola* já foram notados nas folhas da uva.

Além disso, uma nova espécie de pulgão *Aphis illinoisensis* foi introduzida na América do Norte e causou sérios danos às folhas das uvas nos vinhedos do Sahel, na Tunísia, em 2010 (Kamel-Ben Halima e Mdellel, 2010) . Actualmente estamos a observar esta espécie em várias localidades de Tunis-ville, Cap Bon e mais recentemente em Kerkennah onde encontramos *A. illinoisensis* em folhas jovens e caules de videira. Tanto os ápteros quanto as asas são marrons e brilhantes formando colônias densas. Esta espécie pode levar à formação de bolores fuliginosos abundantes que degradam a qualidade dos cachos.

Monitoramento de pulgões: Um coletor de água amarelo foi instalado no final de abril de 2016 em Kerkennah e permitiu identificar os pulgões que circulavam na parcela de vinhas nativas (Fig. 55).

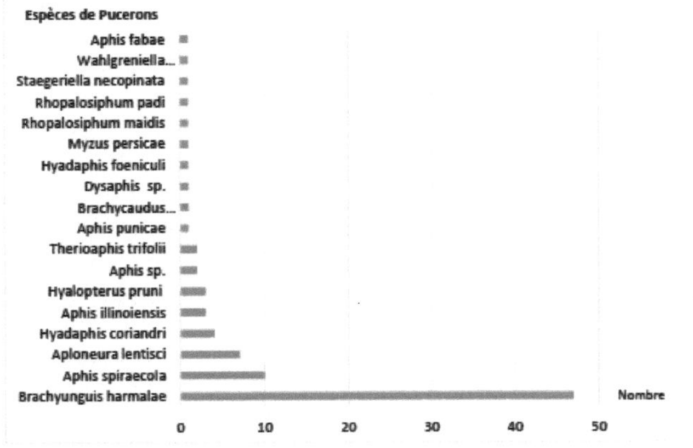

Figura 55. Captura de pulgões na armadilha de água amarela, Kerkennah, 2016

<u>Inventário de espécies</u> :

Aphis fabae (ilustração 9-16) ,

Aphis illinoiensis (Placa 9-6-7) ,

Aphis punicae (ilustração 9-1) ,

Aphis sp., Aphis spiraecola (Planche 9-2) , *Aploneura lentisci* (Planche 9-8) ,

Brachyunguis harmale (Planche 9-14) , *Brachycaudus amygdalinus* (Planche 9-5) ,

Dysaphis sp. (Planche 9-13) , *coentro Hyadaphis* (Planche 9-10) , *Hyadaphis feniculi*

(Planche 9-12) , *Hyalopterus pruni* (Planche 9-4) , *Myzus persicae* (Planche 9-3) ,

Rhopalosiphum maidis (Planche 9-15)) , *Rhopalosiphum padi* (Planche 9-9) ,

Staegeriella necopinata, Therioaphis trifolii (Planche 9-17) , *Wahlgreniella*

ossiannilssoni (Planche 9-11) .

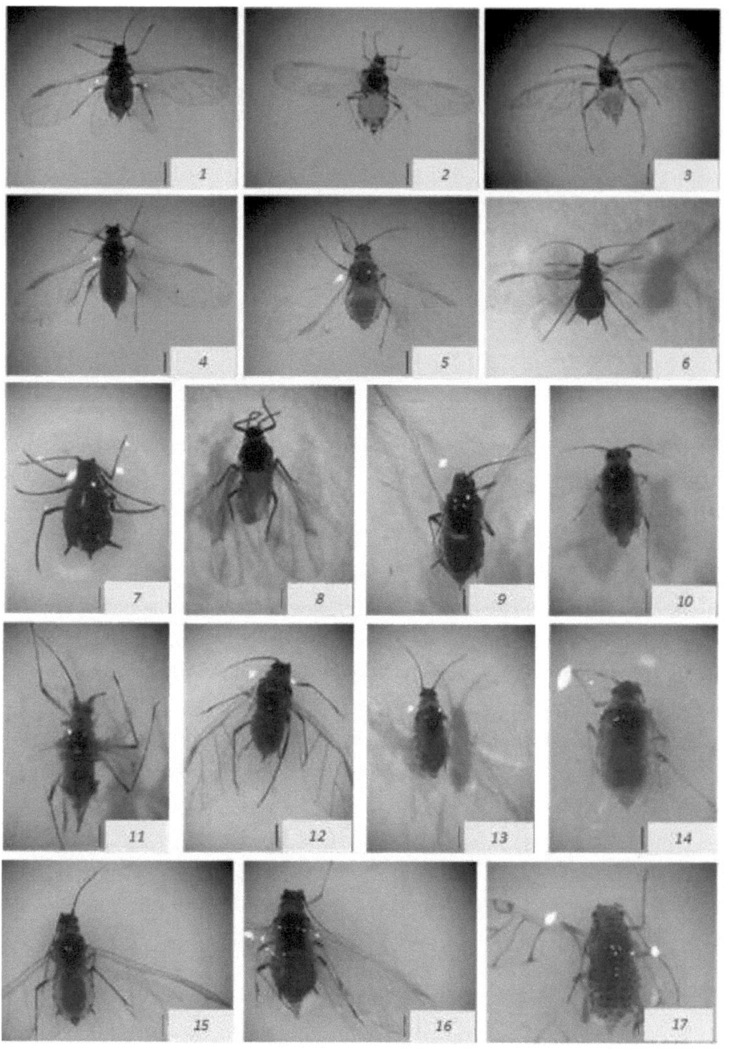

Ilustração 9. Fotos de pulgões capturados na armadilha de água amarela de Kerkennah, 2016 (1-6; 8-17); 7, *A. illinoisensis sem asas* em folhas de videira

B. harmalae, A. spiraecola e A. lentisci são as espécies de pulgões mais abundantes na vinha de Kerkennah, com picos populacionais ocorrendo em 17 de maio de 2016 (Fig. 56).

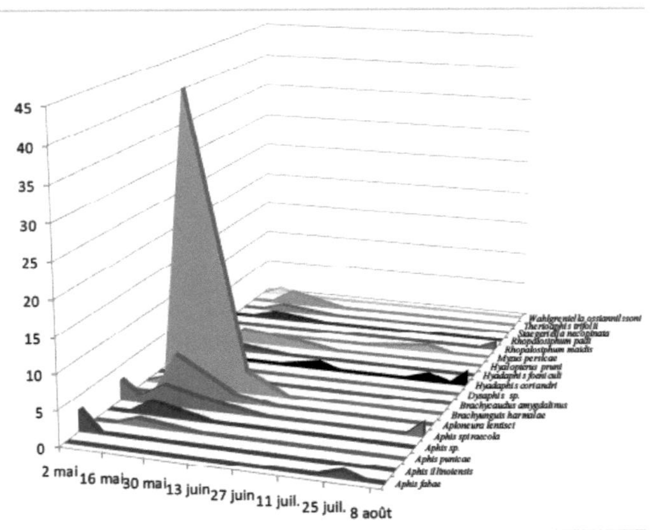

Figura 56. Evolução temporal dos pulgões na vinha, armadilha amarela Kerkennah, 2016 destacam-se as espécies *H. coriandri* (pulgão condimentar), *A. illinoisensis* (pulgão invasor da videira) e *hyalopterus pruni* (pulgão da amêndoa) .

Ao nível das folhas coletadas conseguimos identificar A. *illinoisensis* (Fig. 57) presente em densidades significativas. Felizmente não foram detectados pulgões do género Phylloxera em Kerkennah, uma observação surpreendente dado que as vinhas nativas são plantadas em áreas independentes.

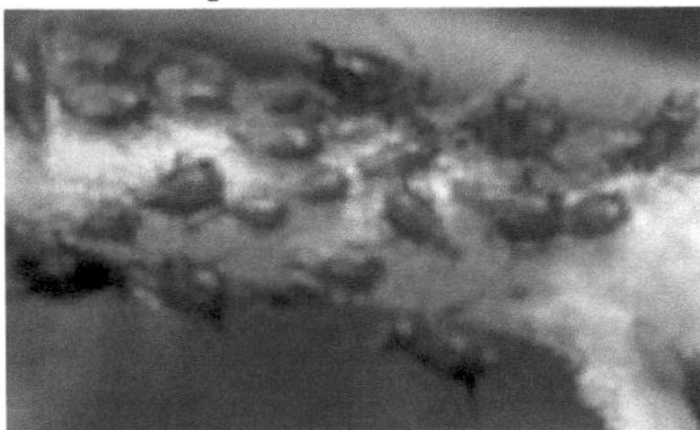

Figura 57. Forte presença do pulgão *A. illinoisensis* nas folhas da videira

<u>**Sintomas e danos** </u>: As folhas fortemente infestadas com pulgões sugadores de seiva tornam-se amareladas e depois murcham e enrolam (Fig. 58). Os sintomas podem ser amplificados durante a estação seca. A melada secretada pelos pulgões pode levar à formação de fuligem, um fungo preto que causa a deterioração dos cachos de uva.

Figura 58. Sintomas de folhas de uva infestadas com pulgões sugadores de seiva

Ciclo biológico : Este ciclo complexo pode ser resumido da seguinte forma: ovo fertilizado de inverno - eclosão na primavera de fêmeas "fundadoras" dando por partenogênese uma primeira geração e também pulgões jovens (virginíparos) por viviparidade evoluindo para ápteros ou asas (várias gerações no verão) - indivíduos sexuados (sexuparos) no outono cujas fêmeas, após o acasalamento, produzem ovos de inverno... ciclo durante o qual haverá mudança de hospedeiro ou não.

Meios de controle : O controle integrado de pulgões pode exigir a introdução de vários predadores/parasitóides ou o uso de óleos essenciais para preservar o meio ambiente.

5.1.2. Cigarrinhas

A cigarrinha *Empoasca vitis* é considerada uma praga dos vinhedos tunisinos desde a década de 2000. *E. vitis* , assim como os pulgões, pertence à ordem dos Hemiptera sugadores de seiva e à família Cicadellidae, subfamília Typhlocybinae. São também insetos pequenos, com 3 a 4 mm de comprimento, formato alongado e cor verde claro (Fig. 59a).

Sintomas e danos : Esta cigarrinha verde gera numerosos indivíduos, causando queimaduras e ressecamento das folhas devido às suas toxemias, levando a uma redução na produção de açúcar, o que é desfavorável à vinificação (Fig. 59b).

Figura 59. *Empoasca vitis* , adulto (a); dano (b)

Ciclo biológico: *E. vitis* geralmente produz duas a quatro gerações por ano. Ele hiberna quando adulto nas árvores. Na primavera, ela retorna aos vinhedos. Os ovos da cigarrinha são inseridos nas folhas da planta, dentro das veias. As larvas encontram-se na parte inferior das folhas adultas onde se alimentam, causando vermelhidão.

Meios de controle: A cigarrinha verde requer frequentemente intervenção química para limitar o ressecamento das folhas e a redução da superfície fotossintética da videira. O limite de intervenção é de 100 larvas em 100 folhas observadas durante o período de brotação.

5.2.Status virológico das vinhas Kerkennah

Entre as espécies lenhosas, a videira é considerada a planta que abriga o maior número de vírus. A razão certamente não é uma sensibilidade particular da planta, mas sim a sua biologia que a expõe muito mais do que outras espécies a infecções. Esta exposição relativamente longa promove a sobrevivência de muitos agentes virais, bem como dos seus numerosos vetores. Vários vírus, muitas vezes combinados, causam doenças graves que podem danificar a videira e causar perdas económicas significativas.

5.2.1. O nó curto

A degeneração infecciosa é causada por nepovírus, sendo o mais importante o Grapevine fanleaf vírus (GFLV). Court-noue é reconhecida como uma das doenças virais mais difundidas no mundo e a mais antiga doença viral das vinhas mediterrânicas. Os sintomas do nó da coroa da videira aparecem na primavera e diferem dependendo das cepas de GFLV: malformações induzidas por cepas deformantes de GFLV e amarelecimento das folhas induzido por cepas cromogênicas do vírus.

5.2.2. Diagnóstico do estado virológico das vinhas Kerkennah

Para estudar o estado virológico da vinha de Kerkennah, foram realizados inquéritos no início de maio, período ideal para observação dos sintomas da doença da coroa da videira. Foram visitadas as 4 principais regiões vitivinícolas de Kerkennah, nomeadamente Ramla, Jouaber, Ouled Ezzedine e Mellita e exploradas 13 parcelas em diferentes zonas da ilha.

As castas presentes em Kerkennah, nomeadamente Asli, Mehdoui, Kahli, Tounsi, Marsaoui, Hemri e Jerbi, foram objecto deste estudo.

Diagnóstico visual:

Foi realizado um primeiro diagnóstico visual e foram observados sintomas de provável origem viral (Figura 10) em ramos como:
- Um achatamento
- Uma fascinação traduzida por uma divisão do ramo em "vassouras de bruxa"
- Um encurtamento dos entrenós

Placa 10: Sintomas de encurtamento, achatamento e fasciação dos entrenós galhos

Estes sintomas são observados apenas na variedade Mehdoui e estão na maioria dos casos associados à mesma videira. Foram observados outros sintomas, mas que provavelmente não são de origem viral, nomeadamente enrolamento das folhas, ressecamento das folhas, clorose que pode ser devida a deficiência de ferro, etc.

Tal como acontece com a maioria das doenças virais, geralmente é difícil estabelecer um diagnóstico baseado na observação dos sintomas.

Na verdade, os sintomas causados pelo mesmo vírus podem variar dependendo de muitos parâmetros. Além disso, os sintomas expressos podem ser facilmente confundidos com distúrbios fisiológicos. Portanto, técnicas de detecção devem ser utilizadas para determinar a presença do vírus suspeito de causar os sintomas observados.

Diagnóstico via ferramentas moleculares:

Foi realizada amostragem aleatória, foram retiradas 50 amostras de 13 parcelas nas 4 zonas de produção já mencionadas. A amostragem foi realizada principalmente em plantas Asli, mas também em outras variedades com ou sem sintomas de encurtamento de entrenós, fasciações e achatamento.

Todas as amostras foram analisadas pela técnica de Transcrição Reversa-Reação em Cadeia da Polimerase (RT-PCR) para busca do vírus GFLV, utilizando primers específicos. As análises moleculares mostraram ausência de GFLV em todas as amostras analisadas, incluindo aquelas com sintomas de encurtamento, fasciação e achatamento dos entrenós. Estes sintomas, geralmente típicos da doença da coroa da videira, podem ter origem fisiológica na variedade Mehdoui.

Estes resultados eram previsíveis, uma vez que um estudo anterior demonstrou que as castas provenientes de Kerkennah, conservadas numa colecção do INRAT, estavam isentas de 6 vírus: vírus 1, 2 e 3 associados à doença de 1 grapevine leafroll virus

(GLRaV -1, -2, -3), vírus curl da folha da videira (GFLV), vírus mottle da videira (GFkV) e vírus do mosaico 1 'Arabette (ArMV), após análises sorológicas DAS-ELISA utilizando anti-soros policlonais específicos para estes vírus (Mahfoudhi *et al.* 2014).

A ausência ou baixa taxa de infecção das vinhas Kerkennah pode ser devida à ausência de introdução de material vegetal estranho que possa contaminar as variedades indígenas.

Mesmo que as condições climáticas não sejam as ideais, o estado sanitário da vinha é quase perfeito. A pressão epidêmica é extremamente baixa. A este respeito, sempre insistimos que os habitantes de Kerkenn evitassem introduzir variedades de vinha nas suas localidades, a fim de limitar os riscos de uma possível contaminação viral.

Capítulo VI

Capitalização

As vinhas de Kerkennah constituem um valioso património genético que é parte integrante, não só do sistema de produção agrícola, mas também da rica história do arquipélago. A videira é uma das pedras angulares do património cultural e culinário dos Kerkennianos.

Estas vinhas, e mais particularmente a Asli de Kerkennah, são dotadas não só de uma qualidade excepcional de frutos e seus derivados, mas também de uma capacidade de adaptação e resiliência a uma aridez cada vez mais severa, à qual se junta a ausência de doenças virais. Todas estas características constituem vantagens que devem incentivar a manutenção e o desenvolvimento do cultivo das vinhas indígenas Kerkennah no seu ambiente original, utilizando boas práticas e conhecimentos tradicionais (Fig. 60).

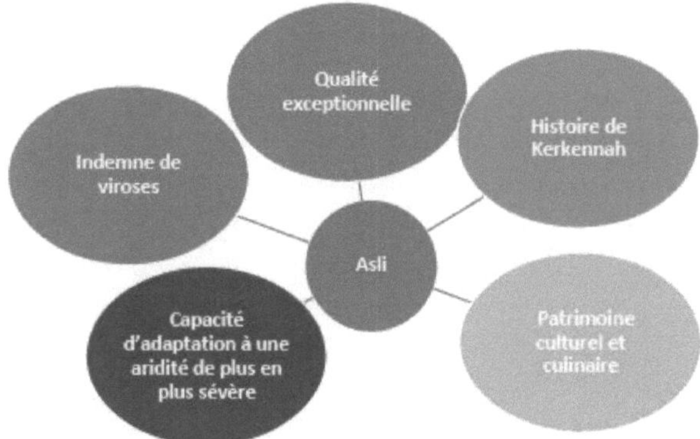

Figura 60. Capitalização da obra Heritage and Wine Traditions in Kerkennah

Este trabalho constitui um contributo para o estudo da caracterização e diversidade das castas Kerkennah. Além deste aspecto fundamental da investigação, muito esforço tem sido dedicado às práticas locais.

Com efeito, este livro destaca práticas tradicionais ameaçadas de desaparecimento e a transmissão de conhecimentos tradicionais relativos à conservação e utilização racional da biodiversidade.

Além disso, a riqueza do património vitivinícola das ilhas Kerkennah teria contribuído grandemente para a sustentabilidade do cultivo da vinha na ilha, apesar das restrições ambientais e da pequenez do território. A preservação de antigas cultivares tradicionais permitiria reduzir a erosão genética e produzir uvas típicas das ilhas. Portanto, a sua manutenção e preservação constituem uma prioridade, principalmente pelos riscos previsíveis e imprevisíveis induzidos pela natureza (climática ou parasitária) e pelo Homem.

O conhecimento obtido nos nossos estudos sobre o património vitivinícola das Ilhas Kerkennah é essencial para estratégias de conservação da sua biodiversidade. Um património tão rico e único constitui uma mais-valia para estas ilhas, para os seus habitantes, mas também um apoio muito útil para os programas de selecção e melhoramento das vinhas da Tunísia.

No entanto, a sensibilização colectiva e os esforços conjuntos devem visar tanto a nível local como nacional, com vista à reabilitação massiva das vinhas de Kerkennah. Esta reabilitação será facilitada pela ausência de doenças virais que fazem do arquipélago um nicho a ser conservado e protegido de qualquer introdução exótica.

Uma das recomendações mais relevantes a defender seria rotular a variedade Asli de Kerkennah, a fim de proporcionar um valor acrescentado significativo capaz de melhorar o rendimento dos agricultores de Kerkenn. Essa rotulagem poderia incluir não apenas frutas frescas, mas também passas, vinho, vinagre e todos os outros derivados e pratos típicos.

Tais ambições devem primeiro ser apoiadas por intervenientes regionais, como CTV (unidades de extensão territorial), ONG (organizações não governamentais), agricultores e entusiastas de Kerkennah, que devem sensibilizar e envolver os decisores a nível nacional.

Finalmente, o apoio de decisores informados seria a base de um renascimento económico, social e cultural de Kerkennah. Os Ministérios a mobilizar seriam os responsáveis pela Agricultura, Ambiente, Investigação, Cultura e Turismo.

Literatura citada

TEM

- Allemand-Martin A. 1907. As Ilhas Kerkennah. Boletim da sociedade de geografia comercial de Paris. 29(1): 83-97.

- Allemand-Martin A. 1940. As Ilhas Kerkennah: visão geográfica, geológica e agrícola (continuação). In: Boletim Mensal da Sociedade Lineana de Lyon, 9 ^{e} ano, n°7-10, pp. 119-125.
DOI: https://doi.org/10.3406/linly.1940.9590.

- Anderson JW, Waters AR 2013. Consumo de uva por humanos: efeitos na glicemia e na insulinemia e fatores de risco cardiovascular. Jornal de Ciência Alimentar. 78(1): 11-17. DOI: 10.1111/1750-3841.12071. PMID: 23789931.

- Alças. 2022. Tabela de composição nutricional dos alimentos Ciqual 2020. Agência Nacional de Segurança Alimentar, Ambiental e de Saúde Ocupacional. www.ciqual.anses.fr .

- Aradhya M., Dangl GS., Prins BH., Boursiquot JM., Walker MA., Meredith CP., Simon CJ. 2003. Estrutura genética e diferenciação em uva cultivada, Vitis vinifera L. Pesquisa genética. 81(3): 179-192.

- Arroyo-Garria R., Lefort F., de Andres MT, Ibanez J., Borrego J., Jouve N., Cabello F., Martmez-Zapater J.M. 2002. Microssatélite de cloroplastos polimorfismos em espécies de Vitis. Genoma. 45:1142-1149.

- Arroyo-Garria R., Ruiz-Garcia L., Bolling L., Ocete R., Lopez MA., Arnold C., Ergul A., Soylemezoglu G., Uzun HI., Cabello F., Ibanez J., Aradhya MK., Atanassov A., Atanassov I., Balint S., Cenis JL., Costantini L., Gorislavets S., Grando MS ., Klein BY., Mc Govern PE., Merdinoglu D., Pejic I., Pelsy F., Primikirios N., Risovannaya V., Roubelakis-Angelakis KA., Snoussi H. *et al.* 2006. Múltiplas origens de videira cultivada (*Vitis vinifera* L. ssp sativa) com base em polimorfismos de DNA de cloroplasto. Ecologia Molecular. 15: 3707-3714.

- Arroyo-Garria R., Cantos M., Lara M., Lopez MA., Gallardo A., Ocete CA., Perez
- A., Banati H., Garcia JL., Ocete R. 2016. Caracterização do maior reservatório relíquia de videira selvagem da Eurásia no sul da Península Ibérica. Revista Espanhola de Pesquisa Agrícola. 14(3), e0708.

- Augusto D., Ibanez J., Pinto-Sintra AL, Falco V., Leal F., Martmez-Zapater JM, Oliveira AA, Castro I. 2021. Diversidade da Vinha e Relações Genéticas nas Vinhas Velhas do Nordeste de Portugal. Plantas. 10, 2755.

- Aubertin C., Pinton F., Boisvert V. 2007. Les marches de la biodiversite. Edições IRD, Instituto de Pesquisa para o Desenvolvimento. Paris. 267 pág.

B

- Bacilieri R., Lacombe T., Le Cunff L. *et al.* 2013. A estrutura genética das videiras cultivadas está ligada à geografia e à seleção humana. Biologia Vegetal BMC. 13, 25.

- Balloux F., Lehmann L., De Meeus T. 2003. A genética populacional de diplóides clonais e parcialmente clonais. Sociedade de Genética da América. 164(4): 1635-1644.

- Bassouls C. 2016. Caracterização de uma casta indígena cultivada em franc de pied : Caso da casta Asli das Ilhas Kerkennah na Tunísia. Dissertação de fim de estudos. Cergy-Pontoise: Escola Superior de Agrodesenvolvimento Internacional (ISTOM). França. 114 pp.

- Bell SJ 2011. Uma revisão sobre fibra alimentar e saúde: foco nas uvas. Revista de Alimentos Medicinais. 14(9): 877-883.

- Kamel-Ben Halima M., Mdellel L. 2010. Primeiro registro do pulgão da videira, *Aphis illinoisensis* Shimer, na Tunísia. Boletim OEPP/EPPO. 40(2): 191-192.

- Ben Salah M. 2003. A biodiversidade de plantas cultivadas nas Ilhas Kerkennah. Relatório do projeto TUN/98/G52/14 (PNUDPMF/FEM-Lions Club Sfax Thyna).

- Ben Salem A., Jemaa R., Guguerli P., Ghorbel A. 2000. Introdução e reabilitação de vinhas no Saara Tunisino. Boletim OIV. 835-836: 573.580.

- Ben Salem-Fnayou A., Hanana M., Fathalli N., Souid I., Zemni H., Bessis R., Ghorbel A. 2005. Caracteres anatômicos adaptativos da folha da videira no sul da Tunísia. Jornal Internacional de Ciências da Vinha e do Vinho. 39(1): 11-18.

- Bodor-Pesti P., Taranyi D., Deak T., Nyitraine Sardy DA, Varga Z. 2023. Uma revisão da ampelometria: caracterização morfométrica da folha da uva (*Vitis* spp.). Plantas. 12, 452. DOI. org/10.3390/plantas12030452

- Boulton R. 1980. As relações entre acidez total, acidez titulável e pH no tecido da uva. Vitis. 19:113-120.

- Bouzid J., Megdiche J. 2006. Relatório de diagnóstico da zona costeira sul da grande Sfax, estendida às ilhas Kerkennah, Projeto SMAP III Tunísia, 144 p.

- Bowers JE, Dangi GS, Vignani R., Meredith CP 1996. Isolamento e caracterização de novos loci polimórficos de repetição de sequência simples em uva (*Vitis vinifera* L.). Genoma. 39:628-633.

- Branas J. 1974. Viticultura. Montpellier, Deh au, recuperado em 3 de outubro de 2023. 990p. (http://catalog.hathitrust.org/api/volumes/oclc/1534700.html) .

- Brachet S. *et al.* 2006. Estratégias de amostragem fundamentadas para capturar a diversidade genética e sua estruturação em populações naturais - Aplicação a medidas de gestão de conservação. Os Procedimentos do BRG 6, La Rochelle, França. pp. 211-230.

- Butiuc-Keul A., Coste A. 2023. Biotecnologias e estratégias para melhoramento da videira. Horticultura. 9, 62. https://doi.org/10.3390/horticulturae9010062

C

- Calderon L., Mauri N., Munoz C., Carbonell-Bejerano P., Bree L., Sola C., Gomez-Talquenca S., Royo C., Ibanez J., Martinez-Zapater JM, Lijavetzky D. 2020. A história da propagação clonal molda a diversidade genética intracultivar em videiras 'Malbec'. bioRxiv. 27.10.356790.

- Calo A., Costacurta A., Maras V., Meneghetti S., Crespan M. 2008. Correlação molecular de Zinfandel (Primitivo) com cultivares austríacas, croatas e húngaras e Kratosija, um sinônimo adicional. O Jornal Americano de Enologia e Viticultura. 59: 205-209.

- Cipriani G., Spadotto A., Jurman I., Di Gaspero G., Crespan M., Meneghetti S., Frare E., Vignani R., Cresti M., Morgante M. *et al.* 2010. O perfil molecular baseado em SSR de 1.005 acessos de videira (Vitis vinifera L.) revela novas sinonímias e ascendências, e revela uma grande mistura entre variedades de diferentes origens geográficas. Genética Teórica e Aplicada. 121(8): 1569-1585.
- CRDA Sfax. 2016. Estudo nas Ilhas Kerkennah. Divisão de Recursos Hídricos e Equipamentos Rurais, Distrito de Recursos Hídricos.
- CRDA Sfax. 2000. Relatório anual de actividades da Comissão   Regional para o Desenvolvimento Agrícola de Sfax.
- Crespan M., Migliaro D., Larger S., Pindo M., Petrussi C., Stocco M., Rusjan D., Sivilotti P., Velasco R., Maul E. 2020. Desvendando a origem genética de 'Glera', «Ribolla Gialla» e outras castas autóctones de Friuli Venezia Giulia (nordeste de Itália). Relatórios Científicos. 10:7206 : 1-12.
- Crespan M., Migliaro D., Maior S., Pindo M., Palmisano M., Manni A., Manni E., Polidori E., Sbaffi F., Silvestri Q. *et al.* 2021. Sortimento varietal e evolução da videira (*Vitis vinifera* L.) na região de Marche (centro da Itália). OENO Um . 55(3): 17-37.
- Cunha J., Ibanez J., Teixeira-Santos M., Brazão J., Fevereiro P., Martmez-Zapater JM., Eiras-Dias JE. 2020. Relações genéticas entre Vitis vinifera L. cultivada e selvagem em Portugal. Germoplasma. Fronteiras na Ciência das Plantas. 11: 127.

D
- Daler S., Cangi R. 2022. Caracterização de variedades de videira (V. vinifera L.) cultivadas na província de Yozgat (Turquia) por marcadores de repetição de sequência simples (SSR). Jornal Turco de Agricultura e Silvicultura. 46:38-48.
- Dangi GS., Mendum ML., Prins BH., Walker MA., Meredith CP., Simon CJ. 2001. Análise simples de repetição de sequência de uma espécie propagada clonalmente: uma ferramenta para gerenciar uma coleção de germoplasma de uva. Genoma. 44(3): 432-438.
- De Andres MT., Benito A., Perez-Rivera G., Ocete R., Lopez MA., Gaforio L., Munoz G., Cabello F., Martinez-Zapater JM., Arroyo-Garcia R. 2012. Diversidade genética das populações de videiras silvestres em Espanha e suas relações genéticas com as videiras cultivadas. Ecologia Molecular. 21: 800-816.
- de Oliveira GL., de Souza AP., de Oliveira FA., Zucchi MI., de Souza LM., Moura MF. 2020. Estrutura genética e diversidade molecular do germoplasma da videira brasileira: Manejo e utilização em programas de melhoramento. PLOS UM. 15(10): e0240665.
- de Oliveira GL., Niederauer GF., de Oliveira FA., Rodrigues CS., Hernandes JL., de Souza AP., Moura MF. 2022. Diversidade Genética, Estrutura Populacional e Análise de Parentalidade em Híbridos de Videira Brasileira após Meio Século de Melhoramento Genético. bioRxiv. 502144.
- Dolezel J., Binarova P., Lucretti S. 1989. Análise do conteúdo de DNA nuclear em células vegetais por citometria de fluxo. Biologia Plantarum. 31: 113-120.

E

- Painel da EFSA sobre Produtos Dietéticos, Nutrição e Alergias. 2004. Parecer do Painel Científico sobre Produtos Dietéticos, Nutrição e Alergias [NDA] relacionado ao Nível Superior Tolerável de Ingestão de Boro (Borato de Sódio e Ácido Bórico). Jornal da EFSA. 2(8): 80, 1-22. DOI: 10.2903/j.efsa.2004.80.

- Emanuelli F., Lorenzi S., Grzeskowiak L., Catalano V., Stefanini M., Troggio M., Myles S., Martinez-Zapater JM., Zyprian E., Moreira FM, Grando MS. 2013. Diversidade genética e estrutura populacional avaliada por marcadores SSR e SNP numa grande coleção de germoplasma de uva. Biologia Vegetal BMC . 13: 1-17.

- Ergul A., Perez-Rivera G., Soylemezoglu G., Kazan K., Arroyo-Garcia R. 2011. Diversidade genética em uvas selvagens da Anatólia (Vitis vinifera subsp. sylvestris) estimada por marcadores SSR. Recursos Genéticos Vegetais. 9(3): 375-383.

- Fehri N. 2011. O palmeiral das Ilhas Kerkennah (Tunísia), uma paisagem de oásis degradação marítima: determinismo natural ou responsabilidade antropogénica? Geografia Física e Meio Ambiente. 5:   167-189. DOI: 10.4000/fisio-geo. 2011.

- Fehri A. 2014. Kerkhennah, charme da ilha!!! Centro Cercina de Pesquisa nas Ilhas Med. Museu e Residência Kerkhennah. Série Costas do Mediterrâneo. Não. XIII, 96 pág.

- Ferradji A., Goudjal Y., Malek A., 2008. Secagem de uvas da variedade Sultanine utilizando secador solar de convecção forçada e secador tipo casca. Jornal de Energias Renováveis SMSTS'08 Argel, 177-185.

- Flutre T., Le Cunff L., Fodor A., Launay A., Romieu C., Berger G. *et al.* 2022. Um estudo de associação e predição do genoma em videira decifra a arquitetura genética de características múltiplas e identifica genes sob muitos novos QTLs. Genes, Genomas, Genética. 12(7), jkac103.

G

- Galet P. 1982. Les maladies et les parasites de la vigne. Tomo 2: Les Parasites animaux. Montpellier, França, Imprimerie du Paysan du Midi. 1870 pág.

- Gambino G., Dal Molin A., Boccacci P., Minio A., Chitarra W., Avanzato CG., Tononi P., Perrone I., Raimondi S., Schneider A. *et al.* 2017. Sequenciamento do genoma completo e genotipagem SNV de clones de 'Nebbiolo' (Vitis vinifera L.). Relatórios Científicos. 7(1): 17294.

- Ghrairi F., Lahouar L., El Arem A., Brahmi F., Ferchichi A., Achour L., Said S. 2013. Composição físico-química de diferentes variedades de passas (*Vitis vinifera* L.) da Tunísia. Culturas e produtos industriais. 43: 73-77.

- Grassi F., Labra M., Imazio S., Ocete R., Failla O., Scienza A., Sala F. 2006. Estrutura filogeográfica e genética de conservação da videira selvagem. Genética da Conservação. 7(6): 837-845.

- Hanana M., Hamrouni L., Ben-Hamed K., Ghorbel A., Chedly A. 2014. Comportamento e estratégias de adaptação de vignes francesas de pied sous stress salina. Revista de Novas Ciências. 3(4): 29-44.

- Harbi Ben Slimane M. 1999. Estudo da variabilidade genética de vinhas indígenas cultivadas e espontâneas na Tunísia. Tese de doutorado em Biologia. Tunes: Faculdade de Ciências de Tunes. Tunísia. 160 pág.
- Harbi Ben Slimane M. 2001. Ampelografia de vinhas nativas cultivadas e espontâneas da Tunísia. Volume I. INRAT/IPGRI CWANA ISBN 92-9043-502-x.
- Harbi Ben Slimane M. 2004. Ampelografia de vinhas nativas cultivadas e espontâneas da Tunísia. INRAT/IPGRI CWANA. ISBN 92-9043-502-X.
- Harbi Ben Slimane M., Chabbouh N., Snoussi H., Bessis R., El Gazzah M. 2004. Estudo do germoplasma de vinhas indígenas na Tunísia. Detalhes sobre a origem da millerandage "Razzegui". Boletim OIV, 77 (881-882): 487-501.
- Harbi Ben Slimane M. 2005. Herança e tradições do vinho em Raf-Raf. Ministério da Agricultura e Recursos Hidráulicos IRESA-INRAT, Imprensa Oficial, Tunísia. 65 pág.
- Harbi Ben Slimane M.,   Barka M.2006.
características da   casta "Limaoua" adaptadas ao ambiente árido da Tunísia. Reunião
Internacional: Gestão de Recursos e Aplicações Biotecnológicas em Aridocultura e Culturas de Oásis: Perspectivas para valorizar o potencial do Saara. Jerba, 25 a 28 de dezembro de 2006.
- Harbi Ben Slimane M., Trifa Snoussi H., Barka M. 2010. Detalhes sobre as principais características de adaptação da casta "Limaoua" ao ambiente árido tunisino. Revisão de regiões áridas. 24 (2).
- Harbi Ben Slimane M., Jedidi E., Bouhlal R., Snoussi H. 2014. Caracterização ampelográfica, ampelométrica e citológica da diversidade de *Vitis vinifera* L. indígena de Kerkennah na Tunísia. Revisão de regiões áridas. Número Especial - n°35 (3/2014) - Anais do 4° Encontro Internacional "Aridocultura e
Culturas Oásis: Gestão de Recursos e Aplicações Biotecnológicas na Aridocultura e Culturas do Saara: perspectivas para o desenvolvimento sustentável de zonas áridas. 35(3): 237-242.

EU

- Ibanez J., Velez MD., de Andres MT., Borrego J. 2009. Marcadores moleculares para estabelecer distinção em culturas propagadas vegetativamente: um estudo de caso em videira. Genética Teórica e Aplicada. 119(7): 1213-1222.
- Imazio S., Labra M., Grassi F., Winfield M., Bardini M., Scienza A. 2002. Ferramentas moleculares para identificação de clones: o caso da cultivar de videira 'Trammer'. Raça Vegetal. 121(6): 531-535.
- IPGRI, UPOV, OIV. 1997. Descritores para videira (Vitis spp.). União Internacional para a Proteção de Novas Variedades de Plantas, Genebra, Suíça/Office International de la Vigne et du Vin, Paris, França/Instituto Internacional de Recursos Genéticos Vegetais, Roma, Itália. 63 pág.
- INP. 2019. La peche a la charfiya aux iles Kerkennah. Institut National du Patrimoine Tunisien Ministere des Affaires Culturelles. Tunísia.

https://ich.unesco.org/fr/RL/la-pche-la-charfiya-aux-les-kerkennah-01566.
- I§gi B. 2019. Relações genéticas de algumas uvas locais e introduzidas (*Vitis vinifera* L.) por marcadores microssatélites. Biotecnologia e equipamentos biotecnológicos. 33(1): 1303-1310.

J.
- Jeszka-Skowron M., Zgola-Grzeskowiak A., Stanisz E., Waskiewicz A. 2017. Potenciais benefícios para a saúde e qualidade das frutas secas: frutas Goji, cranberries e passas. Química Alimentar. 221: 228-236.
- Judson OP., Normark BB. 1996. Antigos escândalos assexuais. Tendências em Ecologia e Evolução. 11(2): 41-46.

K
- Karacali I. 2009. Armazenamento e comercialização de produtos hortícolas. Publicação da Faculdade de Agricultura da Universidade Ege, Bornova, Turquia. Publicação nº: 494.
- Karadeniz F., Durst RW, Wrolstad RE 2000. Composição polifenólica de uvas. Jornal de Química Agrícola e Alimentar . 48(11): 5343-5350. DOI: 10.1021/jf0009753. PMID: 11087484.
- Kaur N., Chugh V., Gupta AK 2014. Ácidos graxos essenciais como componentes funcionais de alimentos - Uma revisão. Jornal de Ciência e Tecnologia de Alimentos. 51(10): 2289-2303. DOI: 10.1007/s13197-012-0677-0.

eu
- Lachkar A. 2014. Biologia floral e desempenho produtivo no damasco local (Prunus armeniaca L.). Tese de doutorado em Ciências Agrárias. Sousse: Instituto Superior Agronômico de Chott-Mariem, Tunísia.
- Laucou V., Lacombe T., Dechesne F., Siret R., Bruno JP., Dessup M., Dessup T., Ortigosa P., Parra P., Roux C. *et al.* 2011. Análise de alto rendimento da diversidade genética da uva como ferramenta para gestão de coleta de germoplasma. Genética Teórica e Aplicada. 122(6): 1233-1245.
- Laucou V., Launay A., Bacilieri R., Lacombe T., Adam-Blondon AF., Berard A., Chauveau A., de Andres MT., Hausmann L., Ibanez J. *et al.* 2018. Análise estendida da diversidade de videira cultivada Vitis vinifera com 10K SNPs de todo o genoma. PLoS Um. 13(2): e0192540.
- Lerch S., Ferlay A., Shingfield KJ, Martin B., Pomies D., Chilliard Y. 2012. Suplementos de colza ou linhaça em dietas à base de capim: Efeitos na composição de ácidos graxos do leite de vacas Holandesas durante duas lactações consecutivas. Jornal de Ciência de Laticínios. 95: 5221-5241.
- Lopes MS., Mendonga D., Rodrigues dos Santos M., Eiras-Dias JE., da Camara Machado A. 2009. Novos conhecimentos sobre a base genética da videira portuguesa e sobre a domesticação da videira. Genoma. 52(9): 790-800.
- Louis A. 1961. Ilhas Kerkennah (Tunísia). Estudo da etnografia tunisiana e da geografia humana. Tese de Doutorado Estadual, Universidade de Paris, Edit. Instituto de Belas Letras Árabes, Túnis, 26: 418 p.

-    Louis A. 1963. Ilhas Kerkhennah. Estudo de Etnografia Tunisina e Geografia Humana. Publicações do Institut des Belles Lettres Arabes. Tunes. Nº 26, 446 p.

M

-    Mahfoudhi N., Soltani I. , Digiaro M., Elbeaino T. 2014. Ocorrência e distribuição generalizada do vírus D da videira em videiras tunisinas. Diário de Patologia das plantas. 96(2): 431-439.

-    Maras, V., Tello, J., Gazivoda, A. *et al.* 2020. A análise genética populacional em antigos vinhedos montenegrinos revela formas antigas atualmente ativas para gerar diversidade em *Vitis vinifera* . Relatórios Científicos . 10, 15.000. https://doi.org/10.1038/s41598-020-71918-7

-    Martin A. 2001. Aporta conselhos nutricionais para a população francesa. Tec et Doc, Edição 3eme (Retirada 2018). Lavoisier, Paris. 608 pág.

-    Mercati F., De Lorenzis G., Brancadoro L. *et al.* 2016. Matriz SNP 18K de alto rendimento para avaliar a variabilidade genética das principais cultivares de videira da Sicília. Genética e genomas de árvores. 12, 59.

-    Meteoblue, 2019. https://www.meteoblue.com .

-    Migliaro D., De Lorenzis G., Di Lorenzo GS., De Nardi B., Gardiman M., Failla O. *et al.* 2022. Diversidade genética de videiras não viníferas avaliada por marcadores de repetição de sequência simples como ponto de partida para novos programas de melhoramento de porta-enxertos. Jornal Americano de Enologia e Viticultura. 70:390-397.

-    Minaingouin M. 1901. Nota sobre a fabricação de passas secs. Feuille de renseignement. Citado por Louis A. em 1961.

-    Minaingouin M. 1905. Etude sur les cepages Tunisiens. Relatório de prospecção, Ministro da Agricultura da Tunísia, 40 p.

-    Murphy D. 2012. Polifenóis de passas e sua biodisponibilidade em humanos. Jornal FASEB (Federação das Sociedades Americanas de Biologia Experimental). 26(S1): 421. DOI.org/10.1096/fasebj.26.1_supplement.lb421

-    Myles S., Boyko AR, Owens CL, Brown PJ, Grassi F., Aradhya MK, Prins, B., Reynolds, A., Chia, J.-M., Ware, D., Bustamante, CD, & Buckler, ES 2011. Estrutura genética e história de domesticação da uva. Anais da Academia Nacional de Ciências. 108(9): 3530-3535. https://doi.org/10.1073/ pnas.1009363108.

N

-    Nielsen FH 1996. Evidência da essencialidade do Boro. O Diário do Rastreamento Elementos em Medicina Experimental. 9: 215-229. https://doi.org/10.1002/(SICI)1520-670X(1996)9:4<215::AID-JTRA7>3.0.C0;2-P

-    Naghii MR, Samman S.   1993. O papel do Boro na nutrição e metabolismo. Progresso na Ciência da Alimentação e Nutrição. 17(4): 331-349. PMID: 8140253.

Ó

-    Escritório Internacional da Vigne et du Vin (OIV). 1983. O código dos caracteres descritivos das variedades e especificações de Vitis. Ed. Dedon, Paris.

- Ollitrault P., Jacquemond C., Dubois C., Luro F. 2003. Citrus. In: Hamon P., Seguin M., Perrier X. e Glaszmann JC. (eds.). Diversidade genética de plantas tropicais cultivadas. Montpellier: CIRAD/Science Publishers, Inc., pp.

P

Peros J.-P., Cousins P., Launay A., Cubry P., Walker A., Prado E., Peressotti E., Wiedemann-Merdinoglu S., Laucou V., Merdinoglu D., This P., Boursiquot J.-M., & D1oligez A. 2021. A diversidade genética e a estrutura populacional em espécies de Vitis ilustram padrões filogeográficos no leste da América do Norte. Ecologia Molecular. 30(10): 2333-2348. https://doi.org/10.1111/mec.15881

- Pezzotti M., Pe E., Policriti A., & Testolin R. 2010. O perfil molecular baseado em SSR de 1005 acessos de videira (*Vitis vinifera* L.) revela novas sinonímias e ascendências, e revela uma grande mistura entre variedades de diferentes regiões geográficas origem. Genética Teórica e Aplicada. 121(8): 1569-1585. https://doi.org/10.1007/s00122-010-1411-9

R

- Rhouma A., Nasr N., Ben Salah M., Allala M. *e outros.* 2005. Análise da diversidade genética da tamareira nas Ilhas Kerkennah. Diagnóstico participativo da diversidade genética da tamareira no arquipélago Kerkennah. Projeto IPGRI na Tunísia PNUD/FEM RAB98G31 "Gestão participativa dos recursos genéticos da tamareira nos oásis do Magrebe" e Projeto "conservação dos recursos naturais nas Ilhas Kerkennah" executado pela associação Lions Clube Sfax Thyna e financiado pela PMF/FEM.

- Riahi L., Zoghlami N., El-Heit K. *et al.* 2010. Estrutura genética e diferenciação entre acessos de videira (*Vitis   vinifera*)   do Magrebe
região. Recursos Genéticos e Evolução das Culturas. 57:255-272.

- Riaz S., De Lorenzis G., Velasco D., Koehmstedt A., Maghradze D., Bobokashvili Z., Musayev M., Zdunic G., Laucou V., Walker MA, Failla O., Preece JE, Aradhya M. e Arroyo-Garcia R. 2018. Análise da diversidade genética de acessos de videira cultivada e selvagem (Vitis vinifera L.) ao redor da bacia do Mediterrâneo e da Ásia Central. Biologia Vegetal BMC. 18: 137.

- Riaz S., Pap D., Uretsky J., Laucou V., Boursiquot J.-M., Kocsis L., & Andrew Walker M. 2019. Diversidade genética e análise de parentesco de porta-enxertos de uva. Genética Teórica e Aplicada. 132(6): 1847-1860. https://doi.org/10.1007/s00122-019-03320-5

- Roach MJ, Johnson DL, Bohlmann J., van Vuuren HJJ, Jones SJM, Pretorius IS, Schmidt SA, Borneman AR 2018. O sequenciamento populacional revela diversidade clonal e endogamia ancestral na cultivar de videira Chardonnay. Genética PLoS. 14(11): e1007807.

- Roychowdhury R., Taoutaou AM., Hakeem KR., Abdel Gawwad MR, Tah J. 2014. Tecnologias assistidas por marcadores moleculares para melhoramento de culturas. Em Melhoria das colheitas na era das mudanças climáticas, R.

Roychowdhury (Ed.), IK International Pub. Unip. Ltd., Nova Delhi, Índia. págs. 241-258.

S

- Sefc KM, Regner F., Turetschek E., Glossl J., Steinkellner H. 1999. Identificação de sequências de microssatélites em *Vitis riparia* e sua aplicabilidade para genotipagem de diferentes espécies *de Vitis* : Genoma. 42: 367-373.
- Schuster MJ, Wang X., Hawkins. T., Painter JE 2017. Uma revisão abrangente de passas e componentes de passas e sua relação com a saúde humana. Revista de Nutrição e Saúde. 50(3): 203-216.
- Snoussi H., Ben Slimane Harbi M., Ruiz-Garcia L., Martinez-Zapater JM, Arroyo-Garcia R. 2004. Relação genética entre acessos de videira cultivada e selvagem da Tunísia. Genoma. 47(6): 1211-1219.
- Snoussi H., Harbi Ben Slimane M. 2014. Vinhas indígenas das Ilhas Kerkennah entre a riqueza e a diversidade ameaçada. Revisão de regiões áridas. Edição Especial - n° 35 (3/2014) - Anais do 4° Encontro Internacional "Aridocultura e Culturas de Oásis: Gestão de Recursos Biotecnológicos e Aplicações em Aridocultura e Culturas do Saara: perspectivas para o desenvolvimento sustentável de zonas áridas. 35(3): 215-220.
- SPA/RAC - ONU Meio Ambiente/PAM, 2019. Plano de gestão da parte marinha e costeira dos ilhéus norte do arquipélago Kerkennah - Fase I: avaliação diagnóstica. Por Gabinete Thetis-Conseil, Kheriji A., Limam A., Guellouz S. e Ben Hmida A. Ed SPA/RAC, Tunes: 79 p.

T

- Thomas MR, Scott NS 1993. Repetições de microssatélites em videira revelam polimorfismos de DNA quando analisadas como sítios marcados com sequência (STSs). Genética Teórica e Aplicada . 86: 985-990.
- Tony J., Alphine J. 2020. Ácido linoléico conjugado (CLA): Implicações para a saúde humana e produção animal. O Jornal de Inovação Farmacêutica. 9(8S): 33-37.
- Trad M., Gaaliche B., Renard CMGC, Mars M. 2012. Desempenho de qualidade de figos do tipo 'Smyrna' cultivados nas condições mediterrâneas da Tunísia. Jornal de Plantas Ornamentais e Hortícolas. 2(3): 139-146.
- Este P., Jung A., Boccaci P. *et al.* 2004. Desenvolvimento de um conjunto padrão de alelos de referência microssatélites para identificação de cultivares de uva. Genética Aplicada Teórica. 109: 1448-1458.

você

- Unesco. 2020. Decisão do Comité Intergovernamental: 15. COM 8.b.9. UNESCO, Patrimônio Cultural Imaterial. https://ich.unesco.Org/en/d%C3%A9cisions/15.COM/8.b . 9

V

- Van Leeuwen C., Vivin P. 2008. Alimentação hídrica da vigne e qualidade das passas. Inovações Agronômicas. 2: 159-167.
- Villano C., Cigliano RA., Esposito S., D'Amelia V., Iovene M., Carputo D.,

Aversano R. 2022. Tecnologias Baseadas em DNA para Exploração da Biodiversidade da Videira: Estado da Arte e Perspectivas Futuras. Agronomia. 12, 491.

- Vondras AM, Minio A., Blanco-Ulate B. *et al.* 2019. A diversificação genómica de clones de videira. Genômica BMC. 20, 972.

C

- Williamson G., Carughi A. 2010. Conteúdo de polifenóis e benefícios para a saúde das uvas. Pesquisa Nutricional. 30:511-519. DOI.org/10.1016/j.nutres.2010.07.005.

- Organização Mundial da Saúde (OMS). 1996. Oligoelementos na nutrição e saúde humana. Genebra, Suíça. 360 pág.

- Zemni H. 2007. Caracterização pomológica e aromática de diferentes castas de mesa e mistas de *Vitis vinifera* L. nas condições pedoclimáticas e culturais do seu local de produção. Tese de doutorado em Ciências Agrárias. Tunes: Instituto Agronómico Nacional da Tunísia. Tunísia. 163 pp.

- Zinelabidina LH., Haddioui A., Bravo G., Arroyo-Garaa R. *et al.* 2010. Origens genéticas de videiras cultivadas e selvagens de Marrocos. Jornal americano de enologia e viticultura. 61(1): 83-90.

Printed by Books on Demand GmbH, Norderstedt / Germany